U1011275

GAODENG XUEXIAO ZHUANYE JIAOCAI

· 高等学校专业教材 ·

食品微生物学实验指导

王远亮　宁喜斌　主　编

中国轻工业出版社

图书在版编目(CIP)数据

食品微生物学实验指导/王远亮,宁喜斌主编 .—北京:中国轻工业出版社,2025.1
高等学校专业教材
ISBN 978-7-5184-3088-8

Ⅰ.①食… Ⅱ.①王… ②宁… Ⅲ.①食品微生物-微生物学-实验-高等学校-教材 Ⅳ.①TS201.3-33

中国版本图书馆 CIP 数据核字(2020)第 127192 号

责任编辑:马 妍　　责任终审:张乃柬　　整体设计:锋尚设计
策划编辑:马 妍　　责任校对:朱燕春　　责任监印:张 可

出版发行:中国轻工业出版社(北京鲁谷东街 5 号,邮编:100040)
印　　刷:三河市国英印务有限公司
经　　销:各地新华书店
版　　次:2025 年 1 月第 1 版第 2 次印刷
开　　本:787×1092　1/16　印张:8.75
字　　数:190 千字
书　　号:ISBN 978-7-5184-3088-8　　定价:32.00 元
邮购电话:010-85119873
发行电话:010-85119832　　010-85119912
网　　址:http://www.chlip.com.cn
Email:club@chlip.com.cn
版权所有　侵权必究
如发现图书残缺请与我社邮购联系调换
242357J1C102ZBW

本书编写人员

主　　编　王远亮　（湖南农业大学）

　　　　　　宁喜斌　（上海海洋大学）

副 主 编　王　坤　（黑龙江八一农垦大学）

　　　　　　王大慧　（苏州大学）

　　　　　　张娟梅　（河南大学）

参编人员　王　欣　（黑龙江八一农垦大学）

　　　　　　卢一辰　（南京工业大学）

　　　　　　杨　郁　（浙江大学宁波理工学院）

　　　　　　肖　愈　（湖南农业大学）

　　　　　　王传花　（湖南农业大学）

　　　　　　周红丽　（湖南农业大学）

审　　稿　董明盛　（南京农业大学）

　　　　　　李宗军　（湖南农业大学）

前言 Preface

食品微生物学实验是高等学校食品科学与工程、食品质量与安全专业学生的必修专业基础课程，为实践操作课，主要内容包括食品保鲜与储藏、运输、加工、销售、保藏中的微生物分析以及产前、产中、产后的部分质量检验。食品微生物学课程自食品专业开设以来一直作为主干课程设置，其目的是使学生掌握微生物检验的基本理论、基本概念和基本操作技能，学会利用实验技术分析微生物与食品的问题，通过食品卫生控制，最大限度地保障食品安全，以减少食源性疾病对公众健康的影响；同时为本科学生提供实验技能训练，帮助他们开启食品微生物学研究的大门。

本书共五章，包括28个实验操作内容，紧扣食品科学与工程、食品质量与安全专业"食品微生物学"课程教学大纲。其中，第一章由湖南农业大学王远亮、周红丽编写；第二章由苏州大学王大慧、湖南农业大学肖愈编写；第三章由河南大学张娟梅编写；第四章由黑龙江八一农垦大学王坤、王欣编写；第五章由上海海洋大学宁喜斌、南京工业大学卢一辰编写，附录部分由浙江大学宁波理工学院杨郁、湖南农业大学王传花编写。全书由王远亮、王坤统稿，南京农业大学董明盛教授担任主审，湖南农业大学李宗军教授担任副主审。每个实验内容基本上都是从目的与要求、实验原理、实验材料、实验方法与步骤、思考题五个方面编写。

本书在编写过程中得到了各编写人员所在单位的支持，在此表示感谢。由于编者能力所限，难免有不妥之处，敬请读者批评指正。

编　者

2020年6月

目录 Contents

第一章

CHAPTER 1

食品微生物学实验设施与要求

内容提要

本章主要介绍从事微生物检验工作所需要的设施与设备，常用微生物检验所用器皿的用法及清洗方法，以及常用试剂的配制方法。

学习目标

了解微生物检验所需的设施与设备要求，掌握常用器皿的清洗及使用方法，掌握常用微生物检验试剂的配制方法。

微生物检测实验室的设施与设备是开展微生物检测的物质基础和保障。因此，开展微生物检测实验，离不开实验室设施与设备以及对这些设施与设备的熟练应用。为做好微生物检测实验室设施与设备的管理，确保其使用的质量标准，在总体管理上要求建立明细目录，包括名称、型号、厂家、购置时间、验收、调试或校验、仪器保管负责人、使用操作规范、使用或维修记录、报废等一系列的仪器设备质量保证档案。

微生物检测过程中需要用到大量的器皿，检测结果的可靠性不仅与实验者的技能有关，同样也与实验之前这些器皿的准备工作（如器皿的清洗、消毒、试剂的准确配制等）密切相关。

第一节　微生物学检测实验室设施要求

中国合格评定国家认可委员会（简称 CNAS）2006 年制定了检测和校准实验室能力认可准则，其中对设施与环境条件规定如下：

（1）用于检测和/或校准的实验室设施，包括但不限于能源、照明和环境条件，应有利于检测和/或校准的正确实施。

实验室应确保其环境条件不会使结果无效，或对所要求的测量质量产生不良影响。在实验室固定设施以外的场所进行抽样、检测和/或校准时，应予以特别注意。对影响检测和校准结果的设施和环境条件的技术要求应制定成文件。

（2）对相关的规范、方法和程序有要求，或对结果的质量有影响时，实验室应监测、控制和记录环境条件。对诸如生物消毒、灰尘、电磁干扰、辐射、湿度、供电、温度、声级和振级等应予以重视，使其适应于相关的技术活动。当环境条件危及检测和/或校准的结果时，应停止检测和/或校准。

（3）应将不相容活动的相邻区域进行有效隔离。应采取措施以防止交叉污染。

（4）应对影响检测和/或校准质量的区域的进入和使用加以控制。实验室应根据其特定情况确定控制的范围。

（5）应采取措施确保实验室的良好内务，必要时应制定专门的程序。

根据食品行业自身的规定，为保证、满足病原微生物检测和实验的要求，病原微生物检测实验室总体上要具备以下条件：

（1）有能开展无菌检查、病原微生物限度检查和无菌采样的各自严格分开的无菌室或者隔离系统。

（2）有能开展菌种处理与病原微生物检测鉴别的独立的局部 100 级的无菌洁净室。表 1-1 为生产质量管理规范（Good Manufacturing Practices，GMP）规定的洁净度。

（3）有能开展病原微生物检定或能进行细菌内毒素检查（凝胶法或定量法）、抗菌作用测定的各自分开的半无菌实验室。

（4）有能进行病原微生物生长培养的培养室。

（5）有可以进行配制试液及培养基的配制室。

（6）有能进行高压灭菌的灭菌室。

（7）有实验器皿洗涤、烘干室。

（8）有人员办公休息室。

（9）大型实验室还可设有实验用品、易耗品储藏室。

还要对这些设施与设备实施有效的监控与验证，以保证整个病原微生物检测实验室的布置符合规范要求，并应有合理的通风设施，按照各房间的使用要求配置适当的空气净化系统，以提高实验室的总体质量。

表 1-1　GMP 规定的洁净度

洁净级别	尘粒最大允许数		微生物最大允许数		相当于 ISO 分级
	≥0.5mm	≥5mm	浮游菌/m^3	沉降菌/m^3	
100 级	3500	0	5	1	ISO 5 级
10000 级	350000	2000	100	3	ISO 7 级
100000 级	3500000	20000	500	10	ISO 8 级
300000 级	10000000	60000			ISO 15 级

下面以洁净室及培养室等为例介绍微生物检测实验室实验设施与设备的要求与如何开展工作。

（一）洁净室（无菌室）

洁净室（无菌室）是病原微生物检测的重要场所与最基本的设施，它是病原微生物检测质量保证的重要环境基础，因此它的设计要按 GB 50073—2013《洁净厂房设计规范》等规定进行。微生物实验室洁净室的施工、安装、验收应按行业标准 GB 50591—2010《洁净室施工及验收规范》进行。对于微生物检测工作者和使用管理者来讲，更大量的工作是进行日常管理和使用维护。

洁净室（无菌室）的标准要符合 GMP 洁净度标准要求。其使用管理要做好以下工作：

1. 洁净室（无菌室）要符合规范要求

无菌室应采光良好、避免潮湿、远离厕所及污染区。面积一般不少于 $1m^2$，不超过 $5m^2$；高度不超过 2.4m。由 1～2 个缓冲间、操作间组成（操作间和缓冲间的门不应直对），操作间和缓冲间之间应设置具备灭菌功能的样品传递箱。在缓冲间内应有洗手盆、毛巾、无菌衣裤放置架及挂钩、拖鞋等，不应放置培养箱和其他杂物；无菌室内应六面光滑平整，能耐受清洗消毒。墙壁与地面、天花板连接处应呈凹弧形，无缝隙，不留死角。操作间内不应安装下水道。无菌操作室应具有空气除菌过滤的单向流空气装置，操作区洁净度 100 级或放置同等级别的超净工作台，室内温度控制在 18～26℃，相对湿度 45%～65%。缓冲间及操作室内均应设置能到达空气消毒效果的紫外灯或其他适宜的消毒装置，空气洁净度级别不同的相邻房间之间的静压差应大于 5Pa，洁净室（区）与室外大气的静压差大于 10Pa。无菌室内的照明灯应嵌装在天花板内，室内光照应分布均匀，光照度不低于 300lx。缓冲间和操作间设置紫外线杀菌灯（2～2.5W/m^3），不符合要求的紫外杀菌灯应及时更换。

2. 建立使用登记制度

每个病原微生物检测检验室都要建立使用登记制度。在登记册中可设置以下项目内容：使用日期、时间、使用人、设备运行状况、温度、湿度、洁净度状态（沉降菌数、浮游菌数、尘埃粒子数）、报修原因、报修结果、清洁工作（台面、地面、墙面、天花板、传递窗、门把手）、消毒液名称等。

3. 建立使用标准操作规范（SOP）并严格管理

SOP 内容至少要有以下几点：

（1）规定净化系统运转时间　每次实验前应开启净化系统使其运转至少 1h，同时开启净化台和紫外灯。

（2）物品进入洁净室（无菌室）基本要求　凡进入洁净室（无菌室）的物品必须先在外部或缓冲间内对其进行相应的处理。注意纤维、易发尘物品不得带进净化室。无菌室内固定物品不得任意搬出。

（3）人员进入洁净室（无菌室）要求　实验人员进入洁净室（无菌室）不得化妆、戴手表、戒指等首饰，不得吃东西、嚼口香糖。应清洁手后进入第一缓冲间更衣，同时换上消毒隔离拖鞋，脱去外衣，用消毒液消毒双手后戴上无菌手套，换上无菌连衣帽（不得让头发、衣服等暴露在外面），戴上无菌口罩。然后，换上或是再戴上第二副无菌手套，在进入第二缓冲间换第二双消毒隔离拖鞋。再经风淋室30s风淋后进入无菌室。

（4）温湿度观察要求　观察温度计、湿度计上显示的温度、湿度是否在规定的范围内，并作为实验原始数据记录在案。如发现问题应及时寻找原因，及时报修和及时报告给实验室主管，并将报修原因和结果记录归档。

（5）沉降菌落计数与浮游菌测定要求　在每次实验的同时，对操作室和层流台做微生物沉降菌落计数，将结果记录在使用登记本上，并作为实验环境原始数据记录在实验报告上。每周1次，或在无菌检查等必要情况下，每次实验的同时对操作室和净化台进行浮游菌测定，将结果记录在使用登记本上，并作为实验环境原始数据记录在实验报告上。

（6）消毒要求　无菌室每周和每次操作前使用0.1%新洁尔灭或2%甲酚液或其他适宜消毒液擦拭操作台及可能污染的死角。常用消毒剂的品种有：5~20倍稀释的碘伏水溶液、1∶50的84消毒液、75%乙醇溶液、3%碘酒溶液、5%石炭酸（来苏尔）消毒溶液、2%戊二醛水溶液、尼泊金乙醇消毒液（配方：对羟基苯甲酸甲酯21.5g，对羟基苯甲酸丙酯8.6g，75%乙醇10.0mL）等，所用的消毒剂品种与使用要进行有效性验证方可使用，并定期更换消毒剂的品种，方法是用无菌纱布浸渍消毒溶液，清洁超净台的整个内表面、顶面及无菌室、人流、物流、缓冲间的地板、传递窗和门把手。清洁消毒程序应从内向外，从高洁净区到低洁净区，逐步向外退出洁净区域。然后开启无菌空气过滤器及紫外灯杀菌1~2h，以杀灭存留微生物。在每次操作完毕，同样用上述消毒溶液擦拭工作台面，除去室内湿气，用紫外灯杀菌30min。

（7）其他要求　如遇停电，应立即停止实验，离开无菌室，关闭所有电闸。重新进入无菌室前至少开启机房运转1h以上。

4. 洁净度检查的要求与方法

无菌室在消毒处理后，无菌试验前及操作过程中需检查空气中菌落数，以此来判断无菌室是否达到规定的洁净度。常用沉降菌和浮游菌的测定方法如下：

（1）沉降菌检测方法及标准　以无菌方式将3个营养琼脂平板带入无菌操作室，在操作区台面左、中、右各放1个；打开平板盖，在空气中暴露30min后将平板盖好，置(32.5±2.5)℃培养48h，取出检查，3个平板上生长的菌落数平均值应<1。

（2）浮游菌检测方法及标准　用专门的采样器，宜采用撞击法机制的采样器，一般采用狭缝式或离心式采样器，并配有流量计和定时器，严格按仪器说明书的要求操作并定时校验，采样器和培养皿进入被测房间前先用消毒房间的消毒剂灭菌，使用的培养基为营养琼脂培养基或行业认可的其他培养基。使用时，先开动真空泵抽气，时间不少于5min，调节流量、转盘、转速。之后关闭真空泵，放入培养皿，盖上采样器盖子后调节缝隙高度。置于采样点后，依次开启采样器、真空泵，转动定时器，根据采样量设定采样时间。全部采样结束后，将培养皿置于（32.5±2.5)℃培养48h，取出检查，浮游菌落数平均不得超过5个/m^3。每批培养基应选定3只培养皿做对照培养。

无菌操作台面或超净工作台还应定期检测其悬浮粒子，应达到100级（一般用尘埃粒子数计数检测），并根据无菌状况，必要时置换过滤器。

5. 定期进行洁净度再检验

定期（每季度、半年、一年）或当洁净室设施发生重大改变时，要按相关规定要求进行洁净度再检验，以确保洁净度符合规定，保存验证原始记录，定期归档保存，并将验证结果记录在无菌室使用登记册上，作为实验环境原始依据的分析资料。并定期对洁净室的环境检测数据进行趋势分析和评估，根据评估结果，了解洁净室设施环境质量的稳定状况及变化趋势，决定是否有必要修订相应的警戒和纠偏限度。

6. 定期更换新的紫外灯管、更换净化系统的初效、中效和高效头

定期（至少每年 1 次）更换新的紫外灯管，以确保紫外灯管灭菌持续有效。并同时在使用登记本上做好更换记录，定期归档保存。至少两年 1 次，或按洁净度验证实际情况，定期更换初效、中效、高效头，以确保净化系统的功能持续有效，并同时在使用登记本上做好更换记录，定期归档保存。

7. 使用过程中应尽可能减少人员的走动或活动

平时实验室内应尽可能减少人员的走动或活动，通向洁净室的门要关闭或安装自动闭门器使其保持关闭状态。

8. 洁净度不符合规定时立即停止使用

发现洁净度不符合规定时，应立即停止使用，寻找原因，彻底清洁，必须经洁净度再验证符合规定后再使用，同时将情况记录在无菌室使用登记册上，定期归档保存。

9. 对进入的外来人员或维修人员进行指导和监督

非微生物实验室检验人员不得进入洁净室（无菌室），对必须进入的外来人员或维修人员要进行指导和监督。

10. 洁净室（无菌室）的日常管理

建立安全卫生值日制度，一旦发现通风系统、墙壁、天花板、地面、门窗及公用介质系统等设施有损坏现象，要及时报告并采取相应的修复措施，并保存记录及时归档。从洁净室（无菌室）环境中检测到的微生物应能鉴别至属或种，保留鉴别实验原始记录及菌种，作为无菌生产、无菌检查洁净室环境质量、消毒剂有效性评估及污染源调查的依据，并且也为无菌检查阳性结果的调查提供第一手资料。

（二）培养室

培养室应设置用来放置各类微生物生长的细菌培养箱和真菌培养箱以及菌种保藏用的冰箱。如有条件也可用面积不大于 $5m^2$ 的具有恒温装置的密闭小室代替培养箱。室内应保持清洁，不得堆放杂物，为防止培养过程中发生污染，培养室的洁净度要达到 100000 级。同时，室内应注意避免抗生素污染和避免使用强效、挥发性、喷雾性消毒剂，以防止影响微生物生长。

（三）试液及培养基的配制室或灭菌室、器皿洗涤及烘干室、实验室、办公休息室

试液及培养基的配制室、烘干室、实验室、办公休息室条件要求不高，为一般的清洁环境室即可。配制室应严格防止抗生素、消毒剂对试剂、药品、培养基原料及配制用器皿和溶剂的污染。清洁环境室应具有防止灭菌后物品再污染的有效措施。同时应制定各试液及培养基配制的标准操作规程、环境清洁标准操作规程。此外抗生素微生物检定实验所用烧杯、漏斗、移液管、容量瓶、滴管、小钢管等器皿应与其他器皿分开洗涤，防止抗生素污染用于微生物培养的器皿；所有染菌物品、培养物均应经高压灭菌处理后再清洗；抗生素微生物检定平板与其他培养基平板也应分开洗涤。室内应保持清洁、干燥，防止微生物滋生和污染。应制定出实验器皿洗涤标准操作规程。灭菌室是放置高压

灭菌器，进行物品灭菌的工作室，注意应有适当措施防止灭菌后物品的第二次污染。对于已灭菌过的物品和没有灭菌过的物品在放置区域和标志上应有明显区别。实验室还可以设有实验用品、易耗品储藏室，为一般清洁环境室。

第二节　食品微生物检测实验设备要求

中国合格评定国家认可委员会（简称 CNAS）2006 年制定检测和校准实验室能力认可准则，其中对设备的规定如下：

（1）实验室应配备正确进行检测和/或校准（包括抽样、物品制备、数据处理与分析）所要求的所有抽样、测量和检测设备。当实验室需要使用永久控制之外的设备时，应确保满足本准则的要求。

（2）用于检测、校准和抽样的设备及其软件应达到要求的准确度，并符合检测和/或校准相应的规范要求。对结果有重要影响的仪器的关键量或值，应制定校准计划。设备（包括用于抽样的设备）在投入服务前应进行校准或核查，以证实其能够满足实验室的规范要求和相应的标准规范。设备在使用前应进行核查和/或校准。

（3）设备应由经过授权的人员操作。设备使用和维护的最新版说明书（包括设备制造商提供的有关手册）应便于实验室有关人员取用。

（4）用于检测和校准并对结果有影响的每一设备及其软件，如可能，均应加以唯一性标识。

（5）应保存对检测和/或校准具有重要影响的每一设备及其软件的记录。该记录至少应包括：①设备及其软件的识别；②制造商名称、型式标识、系列号或其他唯一性标识；③对设备是否符合规范的核查；④当前的位置（如果适用）；⑤制造商的说明书（如果有），或指明其地点；⑥所有校准报告和证书的日期、结果及复印件，设备调整、验收准则和下次校准的预定日期；⑦设备维护计划，以及已进行的维护（适当时）；⑧设备的任何损坏、故障、改装或修理。

（6）实验室应具有安全处置、运输、存放、使用和有计划维护测量设备的程序，以确保其功能正常并防止污染或性能退化。

（7）曾经过载或处置不当、给出可疑结果，或已显示出缺陷、超出规定限度的设备，均应停止使用。这些设备应予以隔离以防误用或加贴标签、标记以清晰表明该设备已停用，直至修复并通过校准或检测表明能正常工作为止。实验室应核查这些缺陷或偏离规定极限对先前的检测和/或校准的影响，并执行“不符合工作控制”程序。

（8）实验室控制下的需校准的所有设备，只要可行，应使用标签、编码或其他标识表明其校准状态，包括上次校准的日期、再校准或失效日期。

（9）无论什么原因，若设备脱离了实验室的直接控制，实验室应确保该设备返回后，在使用前对其功能和校准状态进行核查并能显示满意结果。

（10）当需要利用期间核查以保持设备校准状态的可信度时，应按照规定的程序进行。

（11）当校准产生了一组修正因子时，实验室应有程序确保其所有备份（例如计算机软件中的备份）得到正确更新。

（12）检测和校准设备包括硬件和软件应得到保护，以避免发生致使检测和/或校准结果失效的调整。

（一）仪器设备的管理原则

病原微生物检测实验室中新的仪器设备购买后，首先要对该设备或仪器进行安装确认，基本程序是：开箱验收、安装、运行性能确认程序。安装确认的主要内容有：

（1）要登记仪器名称、型号，生产厂商名称、编号，生产日期，使用单位内部的固定资产设备登记及安装地点。

（2）收集汇编和翻译仪器使用说明书和维护保养手册。

（3）检查并记录所验收的仪器是否符合厂方规定的规格标准。

（4）检查并确保有该仪器的使用说明书、维修保养手册和备件清单。

（5）检查安装是否恰当，气、电及管路连接是否符合要求。

（6）制定使用规程和维修保养制度，建立使用日记和维修记录。

（7）制定清洗规程。

（8）明确仪器设备技术资料（图、手册、备件清单、各种指南及与该设备有关的其他文件）的专管人员及存放地点。

最后对确认的结果进行评估，有效地制定出设备的校验、维修保养、验证计划以及相关的标准操作规程。校验的目的是为了确保计量仪表在其量程范围内运行良好，并且测量结果符合既定标准。根据生产商的建议要求和该仪器的用途来确定校验或维修频率。同样根据生产商建议要求和仪器在使用时重要程度确定其测量误差的允许范围。如果仪器设备经校验不符合规定要求，则应予以充分调查，并且要撰写相关超标结果的偏差报告。还要对该问题设备自上一次校验之后产生的所有试验数据进行全面回顾，对这些数据的合理性做出评估。由此可见，提高校验和维修频率将会保证设备的良性运行并且可以避免产生大量的问题数据。因此，实验室的主要仪器设备每台要配备一本使用和维修日志，这些日常记录通常是偏差调查的关键依据。

一般来说，验证时，至少要有连续 3 次的重复性试验结果支持说明该台设备通过验证，并且能被官方（如美国 FDA、中国 SFDA 等）认可。完成这些工作后，要按以上相关部门的规定，对仪器设备的管理应做到：

（1）备有仪器设备的清单 备有一份所有仪器设备清单，每台仪器设备要有唯一性的内部控制编号、专门保管人，如果某设备已不在实验室，则应在清单上注明其最后一次使用时间和原因。

（2）仪器设备贴有明显标识 每台仪器设备上要贴有明显标识，标记主要有“合格”“准用”“限用”“封存”“停用”几类。标记要表明其内部控制编号、名称、型号、生产厂家、保管人及所处的状态。对需定期校验的设备，经校验合格则贴上绿色合格证，并标明最近校验日期和下次校验日期及校验人员的签名，每次使用前，检验人员务必要先确认其处于校验有效期内；“准用”标记表明测量无检定规程，按校正规范为合格状态，颜色为黄色；“限用”标记表明使用仪器的部分功能或限量，经检定或计量确认处于合格状态，清楚地标出“限用”两字，颜色为蓝色；“封存”标记表明暂不使用，需使用时，应启封检定。凡校验不合格、过期、需报修的设备仪器应贴有红色停用证，并标明停用日期；不需校验的设备则在确认其运行正常后贴上白色状态良好标识即可。

（3）建立仪器设备的标准操作规程 每台仪器设备要建立标准操作规程，保证使用者可以正确使用。

（4）建立使用登记、维修、保养记录 这些日常记录是偏差调查的关键依据。

（二）设备仪器管理要求

为确保实验质量和便于实验室的管理，实验室设备按是否需要校验可分为无须校验的设备、需校验的设备、安装后性能确认并且需要连续监控的设备、需要验证和持续监控的设备四大类，现分述如下：

1. 无须校验的设备

微生物检测实验室常用到的此类设备主要有：用于细菌内毒素检测混合时使用或样品混合时的自动漩涡混合器、菌落计数器、往复轨道振荡器，用于无菌检查的全封闭智能集菌仪、真空泵、搅拌加热器，效价测定用的管碟投放器，制备固体样品或水溶性软膏用的电动匀浆仪、蠕动泵和光学显微镜等。只需确认其运行正常，贴上绿色状态良好标识既可（现在实验室通常用三种颜色的标识表明仪器的校准状态。合格证：绿色，准用证：黄色，停用证：红色）。同时应制定此类设备的使用和维护规程。

供试品通过集菌仪的定向蠕动加压作用，实施正压过滤并在滤器内进行培养，以检验供试品是否含菌。供试品通过进样管连续被注入集菌培养器中，利用集菌培养器内形成的正压，通过0.45μm或0.22μm孔径的滤膜过滤，供试品中可能存在的微生物被截留收集在滤膜上，通过冲洗滤膜除去抑菌成分。然后把所需培养基通过进样管直接注入集菌培养器中，放置规定的温度培养，观察是否有菌生长。

现今较好的薄膜过滤装置为全封闭自动过滤系统。在无菌检查中，冲样品过滤集菌、灌入培养基直至培养前的全部操作，均由一台仪器自动完成。由于是全封闭的无菌检测系统，避免了检测过程中的外源性污染，使检验结果更为可靠。目前国内外均有这类产品出售。

2. 需校验的设备

实验室需定期校验的涉及微生物检测的仪器或仪表、设备有：天平、砝码、pH计、分光光度计、温度或压力仪表、消毒压力容器、灭菌柜安全阀以及游标卡尺等。需定期校验的仪器设备又分为可以送有关单位校验，或在本单位有能力、有资格校验的非强检仪器设备及必须由法定计量单位进行量值溯源校验的“强检”仪器或仪表和设备三种情况。有关的计量仪表或设备的使用和管理，可参照JJF 1021—1990《产品质量检验机构计量认证技术考核规范》，执行定期校验的非强检仪器设备需要在特定的参数下运行，并且（或者）在定量测定时出具数据，微生物检验室的这类设备有：天平、pH计、分光光度计、多功能微生物自动测量分析仪、微生物效价仪、无菌隔离系统、HTY微孔滤膜测定仪、移液器、电热干燥器或烤箱（细菌内毒素测试用）、玻璃温度计、循环记录仪（如温湿度周记录仪）、空气浮游菌检测仪、空气悬浮粒子计数器等。

（1）天平 这类产品国内市场上很多，型号也较多。但微生物实验室的天平按使用要求可分为两类：一类是用于抗生素、微生物检验中标准品、样品精密称量的天平，这类天平必须是能精确到小数点后5位有效数字的电子分析天平，称量范围在0.01mg~

180g；另一类主要用于培养基、试剂配制、微生物限度检查、固体样品的称量等，这类天平只需精确到小数点后两位有效数字即可。明确标明每台天平的量程，可称量的最小值和最大值均需经过校验。天平应放置在专用天平室内，温湿度应相对稳定，温度一般应控制在15~25℃，湿度一般应控制在50%~70%，用变色硅胶保持天平处于干燥环境中。天平安置在稳固、水平、并防振的水平实验台上。每台天平必须配有标准操作规程、使用登记本和维修、保养记录。严格禁止称量超过称量范围的物品。每次称量结束后，必须将天平清理干净，以避免交叉污染和对操作人员的潜在危害。应定期强检，专人负责。

（2）pH计　在对pH计进行校验和日常校正时，采用2点校正线。校正用标准溶液的pH之差不得超过4个单位，并且要涵盖使用时的测量范围。所进行的日常校正均应记录于使用日志，并且要定期回顾这些校正记录。应妥善保存pH计电极，每次使用前应用蒸馏水淋洗电极。应对pH计的使用、校验、日常校正以及维修保养等方面制定相应的规程。

（3）分光光度计　分光光度计在微生物检测分析或测定中主要用于抗生素效价的浊度测定和制备标准菌液浓度。与化学药品分析测定时的主要不同是所测溶液含微生物。型号有UV-2100双光束紫外-可见分光光度计、VIS-723G可见分光光度计等。在操作时应注意微生物溶液对仪器的污染及对污染的处理，特别是比色皿的消毒处理。可用甲醛稀释液（福尔马林）或0.1%新洁尔灭溶液对污染部位及比色皿进行消毒处理。

分光光度计需要校验其波长和光度测定的准确性。在每次使用前，分析人员必须用空白试剂将仪器的吸收值校正至零点（即透光率为100%）。比色皿要保持洁净以免结果不准确。对于配有软件系统的分光光度计来说，设备在投入使用前，应确认其软件系统的可靠性。每台分光光度计均应定期校验、专人负责，有标准操作规程，建立使用登记本和维修、保养记录，还应在具体的检测方法中描述分光光度计的标准操作规程。

（4）微生物效价测量分析仪　微生物效价测量分析仪是一种专门用于抗生素类药品的微生物效价测定仪器。目前国内已有厂家生产。

（5）层流净化工作台　层流净化工作台是微生物检验使用最普遍和广泛的一种无菌操作工作台，主要用于制药、食品等行业上，国内有多家工厂生产。

（6）无菌隔离系统　此系统已由杭州泰林生物技术设备有限公司吸收国外先进的设计制造技术而独立研制、开发生产，主要应用于无菌操作，内置无菌检测系统、自动灭菌系统等，基本达到了“品质超越进口设备，使用成本低于进口设备”的制造目标，具有较大的技术优势和服务优势，无菌隔离系统已被《中国药典》（2005年版）无菌检查法指定为可使用的设施。

（7）HTY微孔滤膜孔径测定仪　该仪器是由杭州泰林生物技术设备有限公司自主开发的微孔滤膜专用测试仪器，其原理是运用气泡点法测定各种材质的微孔滤膜的孔径，对各种培养器使用的滤膜进行检测，以保证滤膜最大孔径及孔隙率指标达到无菌检测要求，从而符合验证要求。

该测定仪具有的特性：①可测定各种材料的微孔滤膜的孔径；②微孔孔径测定范围为0.15~0.8μm；③气泡点法测定，可直观判断滤膜孔隙率状况；④测试迅速，仅需1min即可完成4特性的测试。

3. 安装后性能确认并且需要连续监控的设备

病原微生物检测室常用温控设备有：培养箱（室）、冷藏箱、冷冻冰箱及水浴箱、细菌内毒素检查法（凝胶法用）的TAL-40型细菌内毒素测定仪、细菌内毒素检查法（定量法用）的测定仪等。这些温控仪器共同特点是具有控制性腔室环境。在管理上要求如下：

（1）在投入使用前，要对设备（或设施）的性能进行检验，然后在每次使用时都要进行连续监控。为了确保设备腔室内的温度状况符合规定要求，每次都应予以记录，作为原始资料，为日后分析提供充足依据。现在有不少实验室采用计算机系统来自动监控腔室的环境温度，并保存实时监控的数据。监控用的软件管理系统应经过验证，并且要定期（至少每半年1次）校验测温探头及记录/显示仪表，以确保仪器符合规定要求。

（2）对没有自动监控系统的仪器，则需在设备的每个腔室内放置玻璃温度计（要经校准过）或周期性温度记录仪，每天专人负责检查。一旦发现偏差，需及时调查原因并采取相应的纠偏措施，并要对偏差所产生的影响加以分析和评估，撰写分析报告。

（3）定期用中性的清洁剂或消毒剂清洗，对这些培养箱（或室）、冷藏箱（或室）、冷冻冰箱及水浴的腔室内表面，要定期用中性的清洁剂或消毒剂清洗。同时要为这些设备制定使用、校验、维护、清洁和温度监控等方面相应的标准操作规程。

4. 需要验证和持续监控的设备

在病原微生物检测实验室里，需要验证和持续监控的设备主要有：灭菌用的高压灭菌柜（或锅）、除热源的电热恒温干燥箱等，和培养微生物生长用的培养箱等设备，为了确保实验结果的准确、有效，对这些设备需要进行更深层次的确认试验和进行常规的持续质量监控检查。无论是硬件系统还是软件系统均需经过严格的确认和验证。

所有的灭菌验证或除热源验证的工艺记录均应妥善保存。记录应能清楚地反映出主要的工艺参数，如温度、时间、压力等。由热敏纸打印的记录要及时复印并存档。每台灭菌或除热源设备均应配备使用日志，记录至少要包括：运行参数（温度和时间）、程序结束时间、运行状况及使用者的签名等。实验室有必要对被灭菌物品或除热原物品的有效期予以确认或验证。

（三）超净工作台的监控规程与使用指南

超净工作台是病原微生物检测实验室使用很广泛的设备，应建立监控规程与使用指南。下面以超净工作台为例说明超净工作台的监控规程与使用指南。

1. 监控规程

超净工作台在管理上应制定相应的监控规程，其主要内容是：①定期监测超净工作台、HTY无菌隔离系统的内表面的微生物学质量及其内部的空气质量（粒子和微生物），要求所用的高效过滤器应能确保使≥0.3μm的粒子截留率达到99.97%以上。层流空气的流速应足以将工作区的粒子带出去。一般说来，在距离过滤器下游15~30cm处地平面上（工作区），理想的层流速度应控制在0.36~0.54m/s。②高效过滤器的完好性和层流速率应经过确认，在安装完毕后需在使用现场进行完好性（泄漏）检查和过滤效率（性能）测试。以后还需定期进行此类测试（通常每半年至少检查一次）。③日常管理中一旦发现设备运行不稳，或环境监控结果异常，或微生物检验结果偏差呈上升趋势，均需立即进行完好性检查和性能测试。此类检查非常重要，这样可以有效避免给无菌操作带来潜在的污染风险。无菌作业时，应同时监控操作区空气以及操作台表面的微生物学质量，在实验时，应同时做阴阳性对照试验。

2. 使用指南

层流净化工作台使用指南的主要内容有：应在人员走动相对较少，并且是在离门较远的位置安置层流净化工作台，目的是使设备周围环境的气流相对稳定，不影响操作区，更不得对操作区层流产生干扰。

设备开启后，操作人员应首先检查压差指示表的读数是否正常，与常规压差相比，压差偏小或偏大均表明设备运行异常，需立即调查并采取必要的纠偏措施。

如果操作区内安装有紫外灯，操作前必须关闭紫外灯直至完成所有的无菌作业。防止紫外线对操作人员的损害及对样品中可能存在的微生物的损伤。

操作人员戴无菌乳胶手套和无菌袖套后方可在层流区操作。开启工作台后，应采用无菌消毒剂（75%乙醇）对其表面消毒，至少等待 5min 后，方可开始操作。无菌操作前，置于工作台内的所有物品均应经过充分消毒并直至风干。工作区内的所有物品应排放整齐，以免干扰气流方向。应及时将工作台内的闲置物品撤离出去，并且不得堵住气流的进口。操作人员应当熟悉层流净化工作台的设计、工作原理及其气流模式。

普通层流净化工作台内的气流最终直接对着操作者而排向周围环境。因此，此类净化工作台不得用于处理感染性物品、有毒物品或敏感物品等。它们只适用于一般性的无菌操作活动，如无菌物品的装配、常规物品的微生物检查、培养基的制备等。尽管从表面上看，垂直层流净化工作台的工作区气流未受任何人员及周围环境的污染，但是工作区气流却给操作人员及周围环境造成潜在性污染。操作要避免对周围环境和操作人员产生污染。使用层流工作台时，务必要确保高效过滤器未被堵塞，从而保证洁净空气吹向并覆盖整个工作区。为防止扰乱层流，操作人员应尽可能避免将手和手臂从层流区移进或移出，即便移动，也应小心谨慎，所有活动尽可能地在无菌物品暴露区的下游（顺着层流方向）进行。实验室配备一台净化工作台，最好是生物安全柜，专用于常规性微生物菌种的处理，如微生物的鉴别、生物指示剂的制备与培养、阳性对照或培养基灵敏度检查用标准菌株的制备、保藏和使用等。

在洁净区内，如条件许可，尽量使层流净化工作台始终处于运行状态。但是，一旦停止运行而重新启动后，要对工作区进行彻底性消毒并且在使用前至少要预运行 5min。此外，在每次使用前和使用后，均应对工作台面采取清洁和消毒措施。

要对室内各类层流工作台的运行、清洁、消毒、校验和维修等制定详细的标准操作规程。为每台层流工作台、HTY 无菌隔离系统配备使用和维修记录。使用记录的内容包括：使用日期及时间、仪器使用前后的状态、清洁或消毒状态及使用人的签名等。维修记录内容包括：故障说明、维修情况及维修人员和设备责任人的签名等。定期对设备的清洁或消毒记录和环境监控记录进行回顾性审查，以评估层流台内工作区的维护状况。

（四）生物安全柜

生物安全柜（biosafety cabinet）是包括微生物检测在内医学实验室最重要的安全防护设备，是处理危险性微生物时所用的箱形空气净化安全装置。它比无菌超净工作台更加注意保护环境以及操作工作者的安全。它确保实验室工作人员不受实验对象浸染，确保周围环境不受其污染。实验室应按要求分别配备不同性能的生物安全柜，必要时还应配备其他安全设备。所有可能使致病微生物及其毒素溅出或产生气凝胶的操作，不能用超净工作台代替生物安全柜。生物安全柜可分为Ⅰ、Ⅱ、Ⅲ级，三者之间有一定的区别：

Ⅰ级生物安全柜（class Ⅰ biosafety cabinet）：至少装配一个高效空气过滤器对排气进行净化，工作时柜正面玻璃推拉窗打开一半，上部为观察窗，下部为操作窗口。外部空气由操作窗吸进，而不可能由操作窗口逸出。工作状态下遵守操作规程既保证工作人员不受侵害，又保证实验对象不受污染。

Ⅱ级生物安全柜（class Ⅱ biosafety cabinet）：至少装配一个高效空气过滤器对排气进行净化，工作空间为经高效过滤器净化的无涡流的单向流空气。工作时柜正面玻璃推拉窗打开一半，上部为观察窗，下部为操作窗。外部空气由操作窗吸进，而不可能由操作窗口逸出。工作状态下遵守操作规程既保证工作人员不受侵害，又保证实验对象不受污染。

Ⅲ级生物安全柜（class Ⅲ biosafety cabinet）：至少装配一个高效空气过滤器对排气进行净化，工作空间为经高效过滤器净化的无涡流的单向流空气。正面上部为观察窗，下部为手套箱式操作口。箱内对外界保持负压，可确保人体与柜内物品完全隔离。

第三节　常用器皿及其清洁方法

微生物检测所用的器皿，在使用前需经洗涤、包装、灭菌后方能使用，因此，对其质量、洗涤和包装方法均有一定的要求。其中，玻璃器皿主要用于微生物的培养、保存、吸取菌液等，一般选用中性硬质玻璃，能耐受高温（121℃）、高压（0.1MPa）和短时火焰灼烧。另外，新购置的玻璃器皿中含有游离碱，长期使用后会在内壁析出，呈乳白色碱膜，器皿变得不透明，影响观察，同时也会影响培养基的酸碱度。不同玻璃器皿的洗涤方法、高温灭菌前的包装方式、灭菌彻底与否均会对实验结果有重要影响，以下介绍实验用玻璃器皿和接种工具的类别、清洗和消毒方法。

（一）常用器皿

（1）试管（test tube）　试管是一种实验室常用的玻璃器皿，它是用中性硬质玻璃制成的如同手指形状的管子，顶端开口，通常是光滑的，底部呈U形。试管的长度从几厘米到20cm不等，直径在几毫米到数厘米之间。试管被设计为能通过控制火焰对样品进行简易加热的产品，所以通常由膨胀率大的玻璃制成，如硼硅酸玻璃。当微量化学或生物样品需要操作或贮藏时，试管通常比烧杯更好用。在微生物实验中，试管的使用是非常普遍的。

微生物检测实验室所用的试管的管壁应较厚，这样在塞棉花塞时，管口才不会破损。为便于加塞并防止异物落入，以直口式试管为佳（即不卷口的），不然，微生物容易从棉塞与管口的缝隙间进入试管而造成污染，也不便于加盖试管帽。有的实验要求尽量减低试管内水分的蒸发，则需要使用螺口试管，盖以螺口胶木帽或塑料帽。培养细菌一般用金属帽（例如铝帽）或棉塞，也有的用硅胶泡沫塑料塞。试管根据用途可分为三种型号：

①大试管（18mm×180mm）：可用于盛装制平板的固体培养基；可用于制备琼脂斜面；也可用于盛装液体培养基进行微生物的振荡培养。

②中试管［（13~15）mm×（100~150）mm］：可用于制备琼脂斜面、盛液体培养基，或用于菌液、病毒悬液的稀释及血清学试验。

③小试管［（10~12）mm×100mm］：可用于糖发酵试验或血清学试验，和其他需要节省材料的试验。

（2）德汉氏试管（Durham tube）　观察细菌在糖发酵培养基内产气情况时，一般在小试管内再套一倒置的小套管（约 6mm×36mm），此小套管即为德汉氏试管，又称发酵小套管。

（3）小塑料离心管　小塑料离心管有 1.5mL 和 0.5mL 两种型号，主要用于微生物分子生物学实验中小量菌体的离心、DNA（或 RNA）分子的检测、提取等。

（4）吸管（又称移液管，pipette）

①玻璃吸管（glass pipette）：微生物学实验室一般要准备 1mL，2mL，5mL，10mL 的刻度玻璃吸管。与化学实验室所用的不同，其刻度指示的容量往往包括管尖的液体体积，即使用时要注意将所吸液体吹尽，故有时称为“吹出”吸管。市售细菌学用吸管，有的在吸管上端刻有“吹”字。除有刻度的吸管外，有时需用不计量的毛细吸管，又称滴管，来吸取动物体液和离心上清液以及滴加少量抗原、抗体等。

②微量吸管：微量吸管又称微量加样器，主要用于吸取微量液体。微量移液器的品牌规格多种多样，有可调式、单刻度式，转移体积从 0.1μL 到 10mL 不等，但其基本结构和原理是一样的，即通过按动芯轴排出空气，将前端安装的吸头插入液体试剂中，放松对芯轴的按压，靠内装弹簧机械力，芯轴复原，形成负压，吸取液体。

（5）培养皿（petri dish）　常用培养皿的皿底直径 90mm、高 15mm。培养皿一般均为玻璃皿盖，但有特殊需要时，可使用陶器皿盖，因其能吸收水分，使培养基表面干燥，例如测定抗生素生物效价时，培养皿不能倒置培养，则用陶器皿盖为好。

在培养皿内倒入适量固体培养基制成平板，用于分离、纯化、鉴定菌种、微生物计数以及测定抗生素、噬菌体的效价等。

（6）三角烧瓶（erlenmeyer flask）与烧杯（beaker）　三角烧瓶有 100mL，250mL，500mL，1000mL 等不同的规格，常用来盛无菌水、培养基和摇瓶发酵等。常用的烧杯有 50mL，100mL，250mL，500mL，1000mL 等不同的规格，用来配制培养基与药品。

（7）注射器（syringe）　一般有 1mL，2mL，5mL，10mL，20mL，50mL 等不同容量的注射器。注射抗原于动物体内可根据需要使用 1mL，2mL，5mL 的；抽取动物心脏血或绵羊静脉血可采用 10mL，20mL，50mL 等规格。

微量注射器有 10μL，20μL，50μL，100μL 等规格。一般在免疫学或纸层析等实验中滴加微量样品时应用。

（8）载玻片（slide）与盖玻片（cover slip）　普通载玻片大小为 75mm×25mm，用于微生物涂片、染色，做形态观察等。盖玻片为 18mm×18mm。凹玻片是在一块厚玻片的当中有一圆形凹窝，做悬滴观察活细菌以及微室培养。

（9）双层瓶（double bottle） 由内外两个玻璃瓶组成，内层小锥形瓶盛放香柏油，供油镜头观察微生物时使用，外层瓶盛放二甲苯，用以擦净油镜头。

（10）滴瓶（dropper bottle） 用来装各种染料、生理盐水等。

（11）接种工具 接种工具有接种环（inoculating loop）、接种针（inoculating needle）、接种钩（inoculating hook）、接种铲（inoculating shovel）、玻璃涂布器（glass spreader）等。制造环、针、钩、铲的金属可用铂或镍，原则是软硬适度，能经受火焰反复烧灼，又易冷却。接种细菌和酵母菌用接种环和接种针，其铂丝或镍丝的直径以0.5mm为适当，环的内径约2mm，环面应平整。接种某些不易和培养基分离的放线菌和真菌，有时用接种钩或接种铲，其丝的直径要求粗一些（约1mm）。用涂布法在琼脂平板上分离单个菌落时需用玻璃涂布器，是将玻棒弯曲或将玻棒一端烧红后压扁而成。

（二）常用器皿的清洗与消毒方法

清洁的玻璃器皿是实验得到正确结果的先决条件，由于器皿的不清洁或被污染，往往造成较大的实验误差，甚至会出现相反的实验结果。因此，玻璃器皿的清洗是实验前的一项重要准备工作，玻璃器皿在使用前必须洗刷干净。将锥形瓶、试管、培养皿、量筒等浸入含有洗涤剂的水中，用毛刷刷洗，然后用自来水及蒸馏水冲洗。移液管先用含有洗涤剂的水浸泡，再用自来水及蒸馏水冲洗。洗刷干净的玻璃器皿置于烘箱中烘干备用。

（1）新玻璃器皿的洗涤方法 新购买的玻璃器皿表面常附着有游离的碱性物质，先用肥皂水（或去污粉）洗刷，再用自来水洗净，然后浸泡在1%~2%盐酸溶液中过夜（不少于4h），再用自来水冲洗，最后用蒸馏水冲洗2~3次，在100~130℃烘箱内烘干备用。

（2）使用过的玻璃器皿的洗涤方法

①一般玻璃器皿：如试管、烧杯、锥形瓶等（包括量筒）。先用自来水洗刷至无污物，再选用大小合适的毛刷蘸取去污粉（掺入肥皂粉）刷洗或浸入肥皂水内。将器皿内外，特别是内壁要细心刷洗，用自来水冲洗干净后再用蒸馏水洗2~3次，热的肥皂水去污能力更强，可有效地洗去器皿上的油污。洗衣粉与去污粉较难冲洗干净而常在器壁上附有一层微小粒子，故要用水多次甚至10次以上充分冲洗，或可用稀盐酸摇洗一次，再用水冲洗。烘干或倒置在清洁处备用。玻璃器皿经洗涤后，若内壁的水是均匀分布成一薄层，表示油垢完全洗净，若挂有水珠，则还需用洗涤液浸泡数小时，然后再用自来水充分冲洗。

装有固体培养基的器皿应先将其刮去，然后洗涤。带菌的器皿在洗涤前先浸在2%煤酚皂溶液（来苏尔）或0.25%新洁尔灭消毒液内24h或煮沸0.5h，再用上法洗涤。带病原菌的培养物最好先行高压蒸汽灭菌，然后将培养物倒去，再进行洗涤。

盛放一般培养基用的器皿经上法洗涤后，即可使用，若需精确配制化学药品，或做科研用的精确实验，要求自来水冲洗干净后，再用蒸馏水淋洗三次，晾干或烘干后备用。

②量器如吸量管、滴定管、量瓶等：使用后应立即浸泡于冷水中，勿使物质干涸。吸过血液、血清、糖溶液或染料溶液等的玻璃吸管（包括毛细吸管），使用后应立即投

入盛有自来水的量筒或标本瓶内，免得干燥后难以冲洗干净。量筒或标本瓶底部应垫以脱脂棉花，否则吸管投入时容易破损。待实验完毕，再集中冲洗。若吸管顶部塞有棉花，则冲洗前先将吸管尖端与装在水龙头上的橡皮管连接，用水将棉花冲出，然后再装入吸管自动洗涤器内冲洗，没有吸管自动洗涤器的实验室可用冲出棉花的方法多冲洗片刻，必要时再用蒸馏水淋洗。洗净后，放搪瓷盘中晾干，若要加速干燥，可放烘箱内烘干。

吸过含有微生物培养物的吸管也应立即投入盛有2%煤酚皂溶液或0.25%新洁尔灭消毒液的量筒或标本瓶内，24h后方可取出冲洗。吸管的内壁如果有油垢，同样应先在洗涤液内浸泡数小时，然后再行冲洗。

③载玻片与盖玻片：用过的载玻片与盖玻片如滴有香柏油，要先用皱纹纸擦去或浸在二甲苯内摇晃几次，使油垢溶解，再在肥皂水中煮沸5~10min，用软布或脱脂棉花擦拭，立即用自来水冲洗，然后在稀洗涤液中浸泡0.5~2h，自来水冲去洗涤液，最后用蒸馏水淋洗数次，待干后浸于95%酒精中保存备用，使用时在火焰上烧去酒精。用此法洗涤和保存的载玻片和盖玻片清洁透亮，没有水珠。

检查过活菌的载玻片或盖玻片应先在2%煤酚皂溶液或0.25%新洁尔灭溶液中浸泡24h，然后按上法洗涤与保存。

④血细胞计数板的清洗：血细胞计数板（或Petrof Hausser细菌计数板）使用后应立即在水龙头下用水冲净，必要时可用95%酒精浸泡，或用酒精棉轻轻擦拭，切勿用硬物洗刷或抹擦，以免损坏网格刻度。洗涤完毕镜检计数区是否残留菌体或其他沉淀物，若不干净，则必须重复洗涤至洁净为止。洗净后自行晾干或用吹风机吹干，放入盒内保存。

⑤光学玻璃的清洗：光学玻璃用于仪器的镜头、镜片、棱镜、玻片等，在制造和使用中容易沾上油污、水溶性污物、指纹等，影响成像及透光率。清洗光学玻璃，应根据污垢的特点、不同结构选用不同的清洗剂、清洗工具及清洗方法。清洗镀有增透膜的镜头，如照相机、投影仪、显微镜的镜头，可用30%的酒精和70%的乙醚配制清洗剂清洗。清洗时应用软毛刷或棉球沾少量清洗剂，从镜头中心向外做圆周运动。切忌将镜头浸泡在清洗剂中清洗；清洗镜头不得用力擦拭，否则会划伤增透膜，损坏镜头。清洗棱镜、平面镜的方法，可依照清洗镜头的方法进行。

光学玻璃表面生霉后，光线在其表面发生散射，使成像模糊不清，严重者将使仪器报废。生霉原因是霉菌孢子在温度、湿度适宜和有营养物时生长形成霉斑。消除霉斑可用0.1%~0.5%的乙基含氢二氯硅烷与无水酒精配制的清洗剂清洗，潮湿天气还需掺入少量的乙醚，或用环氧丙烷、稀氨水等清洗。使用上述清洗剂也能清洗光学玻璃上的油脂性雾、水湿性雾和油水混合性雾，其清洗方法与清洗镜头方法相似。

（3）洗涤液的种类和配制方法

①铬酸洗液（重铬酸钾-硫酸洗液，简称洗液或清洁液）：广泛用于玻璃器皿的洗涤，常用的配制方法有四种：

a. 取100mL工业浓硫酸置于烧杯内，小心加热，然后慢慢地加入重铬酸钾粉末，边加边搅拌，待全部溶解后冷却，贮于带玻璃塞的细口瓶内。

b. 称取5g重铬酸钾粉末置于250mL烧杯中，加水5mL，尽量使其溶解。慢慢加入

100mL 浓硫酸，边加边搅拌，冷却后贮存备用。

c. 称取 80g 重铬酸钾，溶于 1000mL 自来水中，慢慢加入工业浓硫酸 1000mL，边加边搅拌。冷却后，装入棕色洗液瓶，盖好盖子，常温保存备用。如果配制时间较长，瓶中液体由红褐色变成黑绿色，则应做废弃处理，重新配制。

d. 称取 200g 重铬酸钾，溶于 500mL 自来水中，慢慢加入工业浓硫酸 500mL，边加边搅拌。保存方法同上。

②浓盐酸（工业用）：可洗去水垢或某些无机盐沉淀。

③5%草酸溶液：可洗去高锰酸钾的痕迹。

④5%～10%磷酸三钠（$Na_3PO_4 \cdot 12H_2O$）溶液：可洗涤油污物。

⑤30%硝酸溶液：可洗涤 CO_2 测定仪器及微量滴管。

⑥5%～10%乙二铵四乙酸二钠（EDTA-2Na）溶液：加热煮沸可洗去玻璃器皿内壁的白色沉淀物。

⑦尿素洗涤液：为蛋白质的良好溶剂，适用于洗涤盛蛋白质制剂及血样的容器。

⑧酒精与浓硝酸混合液：最适合于洗净滴定管，在滴定管中加入 3mL 酒精，然后沿管壁慢慢加入 4mL 浓硝酸（相对密度 1.4），盖住滴定管管口。利用所产生的氧化氮洗净滴定管。

⑨有机溶液：如丙酮、乙醇、乙醚等可用于洗脱油脂、脂溶性染料等污痕。二甲苯可洗去油漆污垢。

⑩氢氧化钾-乙醇溶液和含有高锰酸钾的氢氧化钠溶液：它是两种强碱性的洗涤液，对玻璃器皿的侵蚀性很强，清除容器内壁污垢，洗涤时间不宜过长。使用时应小心谨慎。

（4）注意事项

①此洗涤液中的硫酸具有强腐蚀作用，玻璃器皿浸泡时间太长，会使玻璃变质，因此切忌到时忘记将器皿取出冲洗。其次，洗涤液若沾污衣服和皮肤应立即用水洗，再用苏打水或氨液洗。如果溅在桌椅上，应立即用水洗去或湿布抹去。

②玻璃器皿投入前，应尽量干燥，避免洗涤液稀释。

③此洗涤液的使用仅限于玻璃和瓷质器皿，不适用于金属和塑料器皿。

④有大量有机质的器皿应先行擦洗，然后再用洗涤液，这是因为有机质过多，会加快洗涤液失效，此外，洗涤液虽为很强的去污剂，但也不是所有的污迹都可清除。

⑤盛洗涤液的容器应始终加盖，以防氧化变质。

⑥洗涤液可反复使用，但当其变为墨绿色时即已失效，不能再用。

（三）常用器皿的灭菌方法

使玻璃器皿达到无菌状态称为灭菌，玻璃器皿主要用电热干燥箱进行灭菌。玻璃器皿清洗晾干灭菌前，要进行包扎。

1. 器皿的包扎

①培养皿、培养扁瓶、青霉素瓶等：洗净烘干后用无油质的纸将其单个或数个包成一包，置于金属盒内或直接进行消毒。

②吸管：洗净烘干后的吸管，在口吸的一端用尖头镊子或针塞入少许脱脂棉花，以防止菌体误吸口中，或口中的微生物吸入管而进入培养物中造成污染。塞入棉花的量要

适宜，棉花不宜露在吸管口的外面，多余的棉花可用酒精灯的火焰把它烧掉。每支吸管用一条宽 4~5cm 纸条，以 45°左右的角度螺旋形卷起来，吸管的尖端在头部，吸管的另一端用剩余纸条打结，使其不易散开，标上容量。若干支吸管扎成一束，或者放入灭菌用金属筒内，灭菌后，同样要在使用时才从吸管中间拧断纸条抽出吸管。

③试管和三角瓶：用预先做好的大小适宜的棉塞或纱布棉塞将试管或三角瓶口塞好，外面再用纸张包扎。棉塞的作用是起过滤作用，避免空气中的微生物进入试管或三角瓶。棉塞的制作最好选择纤维长的新棉花做棉塞（脱脂棉不能用），棉花塞的制作要求：使棉花塞紧贴玻璃壁，没有皱纹和缝隙，不能过松或过紧，过紧易挤破管口和不易塞入，过松易掉落和污染。棉花塞的长度不少于管口直径的二倍，约 2/3 塞进管口（图 1-1）。

图 1-1　棉塞

若干支试管用绳子扎在一起，在棉花塞部分外包油纸或牛皮纸再在纸外用绳扎紧。三角瓶每个单独用油纸包扎棉花塞。

2. 灭菌方法

①干燥箱灭菌的物品放在箱内，堆置时要留空隙勿使其接触四壁，关闭箱门。

②接通电源，把箱顶的通气口适当打开，使箱内湿空气能逸出，至箱内温度达到 100℃时关闭。

③调节温度控制器旋钮，直至箱内温度达到所需温度为止，观察温度是否衡定，若温度不够再行调节，调节完毕后不可再拨动调节旋钮和通气口，保持 140~170℃、2~3h。温度超过 180℃易导致包扎用纸碳化。

④切断电源，冷却到 60℃时，才能把箱门打开，取出灭菌物品。

⑤将温度调节控制旋钮返回原处，并将箱顶所有通气口打开，干净的玻璃器皿及其他耐热器皿等一般都可用此法灭菌。如培养基和其他不耐热的橡皮塞等不可用此法灭菌。

第四节　常用缓冲液与贮液配制

常用缓冲液与贮液的种类很多，其用途也各不相同。这里仅就微生物检测技术中常用的一些缓冲液与贮液的配制方法及注意事项介绍如下：

（一）配制缓冲液与贮液的注意事项

（1）所用试剂应为分析纯（A. R.）或化学纯（C. P.）级药品。

（2）所用试剂应防止避免潮解，称量必须十分精确；在湿度较大的情况下，称量要快，以防吸水，使质量不准。

（3）如所用试剂含有结晶水，在计算相对分子质量时，必须将结晶水的相对分子质量也加进去。

（4）所用的蒸馏水必须是重蒸水或去离子水。

（二）常用缓冲液与贮液的配制

1. 常用缓冲液

（1）甘氨酸－盐酸缓冲液（0.05mol/L） XmL 0.2mol/L 甘氨酸＋YmL 0.2mol/L HCl，再加水稀释至200mL。

pH	X/mL	Y/mL	pH	X/mL	Y/mL
2.0	50	44.0	3.0	50	11.4
2.4	50	32.4	3.2	50	8.2
2.6	50	24.2	3.4	50	6.4
2.8	50	16.8	3.6	50	5.0

甘氨酸相对分子质量＝75.07，0.2mol/L 甘氨酸溶液质量浓度 15.01g/L。

（2）邻苯二甲酸－盐酸缓冲液（0.05mol/L） XmL 0.2mol/L 邻苯二甲酸氢钾＋0.2mol/L HCl，再加水稀释到20mL。

pH（20℃）	X/mL	Y/mL	pH（20℃）	X/mL	Y/mL
2.2	5	4.070	3.2	5	1.470
2.4	5	3.960	3.4	5	0.990
2.6	5	3.295	3.6	5	0.597
2.8	5	2.642	3.8	5	0.263
3.0	5	2.022			

邻苯二甲酸氢钾相对分子质量＝204.23，0.2mol/L 邻苯二甲酸氢溶液质量浓度为40.85g/L。

（3）磷酸氢二钠－柠檬酸缓冲液

pH	0.2mol/L Na_2HPO_4 /mL	0.1mol/L 柠檬酸 /mL	pH	0.2mol/L Na_2HPO_4 /mL	0.1mol/L 柠檬酸 /mL
2.2	0.40	10.60	5.2	10.72	9.28
2.4	1.24	18.76	5.4	11.15	8.85
2.6	2.18	17.82	5.6	11.60	8.40
2.8	3.17	16.83	5.8	12.09	7.91

续表

pH	0.2mol/L Na_2HPO_4 /mL	0.1mol/L 柠檬酸 /mL	pH	0.2mol/L Na_2HPO_4 /mL	0.1mol/L 柠檬酸 /mL
3.0	4.11	15.89	6.0	12.63	7.37
3.2	4.94	15.06	6.2	13.22	6.78
3.4	5.70	14.30	6.4	13.85	6.15
3.6	6.44	13.56	6.6	14.55	5.45
3.8	7.10	12.90	6.8	15.45	4.55
4.0	7.71	12.29	7.0	16.47	3.53
4.2	8.28	11.72	7.2	17.39	2.61
4.4	8.82	11.18	7.4	18.17	1.83
4.6	9.35	10.65	7.6	18.73	1.27
4.8	9.86	10.14	7.8	19.15	0.85
5.0	10.30	9.70	8.0	19.45	0.55

Na_2HPO_4相对分子质量=141.96，0.2mol/L 溶液质量浓度为 28.40g/L。

$Na_2HPO_4 \cdot 2H_2O$ 相对分子质量=178.05，0.2mol/L 溶液质量浓度为 35.61g/L。

$C_4H_2O_7 \cdot H_2O$ 相对分子质量=210.14，0.1mol/L 溶液质量浓度为 21.01g/L。

（4）柠檬酸-柠檬酸钠缓冲液（0.1mol/L）

pH	0.1mol/L 柠檬酸 /mL	0.1mol/L 柠檬酸钠 /mL	pH	0.1mol/L 柠檬酸 /mL	0.1mol/L 柠檬酸钠 /mL
3.0	18.6	1.4	5.0	8.2	11.8
3.2	17.2	2.8	5.2	7.3	12.7
3.4	16.0	4.0	5.4	6.4	13.6
3.6	14.9	5.1	5.6	5.5	14.5
3.8	14.0	6.0	5.8	4.7	15.3
4.0	13.1	6.9	6.0	3.8	16.2
4.2	12.3	7.7	6.2	2.8	17.2
4.4	11.4	8.6	6.4	2.0	18.0
4.6	10.3	9.7	6.6	1.4	18.6
4.8	9.2	10.8			

柠檬酸 $C_6H_8O_7 \cdot H_2O$ 相对分子质量=210.14，0.1mol/L 溶液为 21.01g/L。

柠檬酸钠 $Na_3C_6H_5O_7 \cdot 2H_2O$ 相对分子质量=294.12，0.1mol/L 溶液为 29.41g/L。

(5) 乙酸-乙酸钠缓冲液 (0.2mol/L)

pH (18℃)	0.2mol/L NaAc /mL	0.3mol/L HAc /mL	pH (18℃)	0.2mol/L NaAc /mL	0.3mol/L HAc /mL
2.6	0.75	9.25	4.8	5.90	4.10
3.8	1.20	8.80	5.0	7.00	3.00
4.0	1.80	8.20	5.2	7.90	2.10
4.2	2.65	7.35	5.4	8.60	1.40
4.4	3.70	6.30	5.6	9.10	0.90
4.6	4.90	5.10	5.8	9.40	0.60

$Na_2Ac \cdot 3H_2O$ 相对分子质量=136.09，0.2mol/L 溶液为 27.22g/L。

(6) 磷酸盐缓冲液

①磷酸氢二钠-磷酸二氢钠缓冲液 (0.2mol/L)：

pH	0.2mol/L Na_2HPO_4 /mL	0.2mol/L NaH_2PO_4 /mL	pH	0.2mol/L Na_2HPO_4 /mL	0.2mol/L NaH_2PO_4 /mL
5.8	8.0	92.0	7.0	61.0	39.0
5.9	10.0	90.0	7.1	67.0	33.0
6.0	12.3	87.7	7.2	72.0	28.0
6.1	15.0	85.0	7.3	77.0	23.0
6.2	18.5	81.5	7.4	81.0	19.0
6.3	22.5	77.5	7.5	84.0	16.0
6.4	26.5	73.5	7.6	87.0	13.0
6.5	31.5	68.5	7.7	89.5	10.5
6.6	37.5	62.5	7.8	91.5	8.5
6.7	43.5	56.5	7.9	93.0	7.0
6.8	49.5	51.0	8.0	94.7	5.3
6.9	55.0	45.0			

$Na_2HPO_4 \cdot 2H_2$ 相对分子质量=178.05，0.2mol/L 溶液为 35.61g/L。

$Na_2HPO_4 \cdot 12H_2O$ 相对分子质量=358.22，0.2mol/L 溶液为 71.64g/L。

$NaH_2PO_4 \cdot 2H_2O$ 相对分子质量=156.03，0.2mol/L 溶液为 31.21g/L。

②磷酸氢二钠-磷酸二氢钾缓冲液（1/15mol/L）：

pH	1/15mol/L Na_2HPO_4 /mL	1/15mol/L KH_2PO_4 /mL	pH	1/15mol/L Na_2HPO_4 /mL	1/15mol/L KH_2PO_4 /mL
4.92	0.10	9.90	7.17	7.00	3.00
5.29	0.50	9.50	7.38	8.00	2.00
5.91	1.00	9.00	7.73	9.00	1.00
6.24	2.00	8.00	8.04	9.50	0.50
6.47	3.00	7.00	8.34	9.75	0.25
6.64	4.00	6.00	8.67	9.90	0.10
6.81	5.00	5.00	8.18	10.00	0
6.98	6.00	4.00			

$Na_2HPO_4 \cdot 2H_2O$ 相对分子质量=178.05，1/15mol/L 溶液为 11.876g/L。

KH_2PO_4相对分子质量=136.09，1/15mol/L 溶液为 9.078g/L。

（7）磷酸二氢钾－氢氧化钠缓冲液（0.05mol/L）　*X*mL 0.2mol/L KH_2PO_4+*Y*mL 0.2mol/L NaOH 加水稀释至 29mL。

pH（20℃）	*X*/mL	*Y*/mL	pH（20℃）	*X*/mL	*Y*/mL
5.8	5	0.372	7.0	5	2.963
6.0	5	0.570	7.2	5	3.500
6.2	5	0.860	7.4	5	3.950
6.4	5	1.260	7.6	5	4.280
6.6	5	1.780	7.8	5	4.520
6.8	5	2.365	8.0	5	4.680

（8）巴比妥钠-盐酸缓冲液（18℃）

pH	0.04mol/L 巴比妥钠溶液 /mL	0.2mol/L 盐酸 /mL	pH	0.04mol/L 巴比妥钠溶液 /mL	0.2mol/L 盐酸 /mL
6.8	100	18.4	8.4	100	5.21
7.0	100	17.8	8.6	100	3.82
7.2	100	16.7	8.8	100	2.52
7.4	100	15.3	9.0	100	1.65
7.6	100	13.4	9.2	100	1.13
7.8	100	11.47	9.4	100	0.70

续表

pH	0.04mol/L 巴比妥钠溶液 /mL	0.2mol/L 盐酸 /mL	pH	0.04mol/L 巴比妥钠溶液 /mL	0.2mol/L 盐酸 /mL
8.0	100	9.39	9.6	100	0.35
8.2	100	7.21		100	

巴比妥钠盐相对分子质量=206.18；0.04mol/L 溶液为 8.25g/L。

（9）Tris-盐酸缓冲液（0.05mol/L，25℃）　50mL 0.1mol/L 三羟甲基氨基甲烷（Tris）溶液与 *X*mL0.1mol/L 盐酸混匀后，加水稀释至 100mL。

pH	*X*/mL	pH	*X*/mL
7.10	45.7	8.10	26.2
7.20	44.7	8.20	22.9
7.30	43.4	8.30	19.9
7.40	42.0	8.40	17.2
7.50	40.3	8.50	14.7
7.60	38.5	8.60	12.4
7.70	36.6	8.70	10.3
7.80	34.5	8.80	8.5
7.90	32.0	8.90	7.0
8.00	29.2		

三羟甲基氨基甲烷（Tris）分子式为（$HOCH_2$）$_3CNH_2$，相对分子质量=121.14；0.1mol/L 溶液为 12.114g/L。Tris 溶液可从空气中吸收二氧化碳，使用时注意将瓶盖盖严。

（10）硼酸-硼砂缓冲液（0.2mol/L 硼酸根）

pH	0.05mol/L 硼砂 /mL	0.2mol/L 硼酸 /mL	pH	0.05mol/L 硼砂 /mL	0.2mol/L 硼酸 /mL
7.4	1.0	9.0	8.2	3.5	6.5
7.6	1.5	8.5	8.4	4.5	5.5
7.8	2.0	8.0	8.7	6.0	4.0
8.0	3.0	7.0	9.0	8.0	2.0

硼砂 $Na_2B_4O_7 \cdot H_2O$ 相对分子质量=381.43，0.05mol/L 溶液（=0.2mol/L 硼酸根）含 19.07g/L。

硼酸 H_2BO_3 相对分子质量=61.84，0.2mol/L 溶液为 12.37g/L。

硼砂易失去结晶水，必须在带塞的瓶中保存。

（11）甘氨酸-氢氧化钠缓冲液（0.05mol/L）　*X*mL 0.2mol/L 甘氨酸+*Y*mL 0.2mol/L NaOH 加水稀释至 200mL。

pH	X/mL	Y/mL	pH	X/mL	Y/mL
8.6	50	4.0	9.6	50	22.4
8.8	50	6.0	9.8	50	27.2
9.0	50	8.8	10.0	50	32.0
9.2	50	12.0	10.4	50	38.6
9.4	50	16.8	10.6	50	45.5

甘氨酸相对分子质量=75.07，0.2mol/L 溶液含 15.01g/L。

（12）硼砂-氢氧化钠缓冲液（0.05mol/L 硼酸根）　*X*mL 0.05mol/L 硼砂+*Y*mL 0.2mol/L NaOH 加水稀释至 200mL。

pH	X/mL	Y/mL	pH	X/mL	Y/mL
9.3	50	6.0	9.8	50	34.0
9.4	50	11.0	10.0	50	43.0
9.6	50	23.0	10.1	50	46.0

硼砂 $Na_2B_4O_7 \cdot 10H_2O$ 相对分子质量=381.43，0.05mol/L 溶液为 19.07g/L。

（13）碳酸钠-碳酸氢钠缓冲液（0.1mol/L）　Ca^{2+}、Mg^{2+} 存在时不得使用。

pH		X/mL	Y/mL
20℃	37℃		
9.16	8.77	1	9
9.40	9.12	2	8
9.51	9.40	3	7
9.78	9.50	4	6
9.90	9.72	5	5
10.14	9.90	6	4
10.28	10.08	7	3
10.53	10.28	8	2
10.83	10.57	9	1

$Na_2CO_3 \cdot 10H_2O$ 相对分子质量=286.2，0.1mol/L 溶液质量分数为 28.62g/L。

$NaHCO_3$ 相对分子质量=84.0，0.1mol/L 溶液质量分数为 8.40g/L。

（14）“PBS”缓冲液

pH	7.6	7.4	7.2	7.0
H_2O	1000mL	1000mL	1000mL	1000mL
NaCl	8.5g	8.5g	8.5g	8.5g
Na_2HPO_4	2.2g	2.2g	2.2g	2.2g
NaH_2PO_4	0.1g	0.2g	0.3g	0.4g

2. 常用染色液

（1）吕氏碱性美蓝（亚甲蓝）染色液

A 液：	美蓝（methylene blue）	0.6g
	95%乙醇	30mL
B 液：	KOH	0.01g
	蒸馏水	100mL

分别配制 A 液和 B 液，配好后混合即可。

（2）齐氏石炭酸复红染色液

A 液：	碱性复红（basic fuchsin）	0.3g
	95%乙醇	10mL
B 液：	石炭酸	5g
	蒸馏水	95mL

将碱性复红在研钵中研磨后，逐渐加入 95%乙醇，继续研磨使其溶解，即为 A 液。将石炭酸溶于水即为 B 液。

将 A 液与 B 液混合即成。通常可将此混合液稀释 5~10 倍使用。稀释液易变质失效，一次不宜多配。

（3）革兰氏染色液

①草酸铵结晶紫染液：

A 液：	结晶紫（crystal violet）	2g
	95%乙醇	20mL
B 液：	草酸铵（ammonium oxalate）	0.8g
	蒸馏水	80mL

混合 A 液和 B 液，静置 48h 后使用。

②路哥氏碘液：

碘片	1g
碘化钾	2g
蒸馏水	300mL

先将碘化钾溶解在少量水中，再将碘片溶解在碘化钾溶液中，待碘完全溶解后加足水分即可。

③95%乙醇。

④番红染色液：

番红	2.5g
95%乙醇	100mL

取上述配好的番红酒精溶液 10mL 与 80mL 蒸馏水混匀即可。

（4）芽孢染色液

①孔雀绿染液：

孔雀绿	5g
蒸馏水	100mL

②番红水溶液：

番红	0.5g
蒸馏水	100mL

（5）荚膜染色液

①黑色素水溶液：

黑色素	5g
蒸馏水	100mL
福尔马林（40%）	0.5mL

将黑色素在蒸馏水中煮沸 5min，然后加入福尔马林作为防腐剂。

②番红染液：与革兰氏染色液相同。

（6）鞭毛染色液

A 液：	单宁酸	5g
	$FeCl_3$	1.5g
	蒸馏水	100mL
	福尔马林（15%）	2mL
	NaOH（1.0%）	1.0mL

配好后应当天使用，次日效果差，第 3 天则不能使用。

B 液：	$AgNO_3$	2g
	蒸馏水	100mL

待 $AgNO_3$ 溶解后，取出 10mL 备用。向其余的 90mL $AgNO_3$ 溶液中滴入浓氨水，使其成为浓厚的悬浮液，继续滴加浓氨水，直到形成的沉淀刚刚溶解。将备用的 10mL $AgNO_3$ 溶液慢慢滴入，则出现薄雾，但轻轻摇动后，薄雾即消失，再滴入 $AgNO_3$ 溶液，直到摇动后仍呈现轻微而稳定的薄雾状沉淀为止。如所呈雾不重，此染液可使用一周，如雾重，则银盐沉淀，不宜使用。

（7）利夫森氏鞭毛染色液

A 液：	NaCl	1.5g
	蒸馏水	100mL
B 液：	单宁酸	3g
	蒸馏水	100mL
C 液：	碱性复红	1.2g
	95%乙醇	200mL

临用前将 A、B、C 三种染液等量混合。

分别保存的染液可在冰箱保存几个月，室温保存几周仍有效，但混合液应立即使用。

（8）乳酸石炭酸棉蓝染色液

石炭酸	10g
乳酸（相对密度 1.21）	10mL
甘油	20mL
棉蓝	0.02g
蒸馏水	10mL

将石炭酸加在蒸馏水中加热溶解，然后加入乳酸和甘油，最后加入棉蓝，使其溶解即成。

（9）酸性酒精

HCl（密度 1.19）	3mL
95%乙醇	97mL

（10）0.1%美蓝染色液

美蓝	0.1g
蒸馏水	100mL
或吕氏碱性美蓝染色液	46mL
蒸馏水	54mL

（三）微生物检验常用溶液及指示剂的配制方法

1. 0.5mol/L 氢氧化钠溶液

配制量：2L

配制方法：①准确称取氢氧化钠 40g。

②用去离子水溶解并稀释至 2L。

2. 0.5mol/L 盐酸溶液

配制量：2L

配制方法：①准确量取盐酸 83.4mL。

②用去离子水稀释至 2L。

3. 2g/L 葡萄糖标准溶液

配制量：1L

配制方法：①称取葡萄糖 2.5g 置于称量瓶中，在 70℃ 干燥 2h。

②干燥器中冷却至室温，重复干燥，冷却至恒重。

③准确称取葡萄糖 2.000g。

④用去离子水溶解并定容至 1L。

⑤于 4℃ 保存。

4. 250μg/mL 牛血清白蛋白标准液

配制量：2L

配制方法：①准确称取 250mg 标准牛血清白蛋白。

②用 0.03mol/L pH7.8 的磷酸缓冲液溶解并定容至 1L。

③4℃ 保存。

5. Folin 试剂甲

配制量：500mL

配制方法：

①称取 10g 氢氧化钠溶于 400mL 去离子水中，加入 50g 无水碳酸钠，溶解，待用。

②称取 0.5g 酒石酸钾钠，溶于 80mL 去离子水中，加入 0.25g $CuSO_4 \cdot 5H_2O$，溶解。

③将①：②：去离子水按 20：4：1 的比例混合即可。

④4℃保存，可用 1 周。

6. Folin 试剂乙

配制量：250mL

配制方法：

①在 500mL 的磨口回流装置内加入 $Na_2MoO_4 \cdot 2H_2O$ 25.0359g，$Na_2MO_4 \cdot 2H_2O$ 6.2526g，去离子水 175mL、85%磷酸 12.5mL、浓盐酸 25mL、充分混合。

②回流 10h，再加硫酸锂 37.5g，去离子水 12.5mL 及数滴溴。

③然后开口沸腾 15min，以驱除过量的溴，冷却后定容到 250mL。

④于棕色瓶中保存，可使用多年。

7. DNS 试剂

配制量：2L

配制方法：

①取 3，5-二硝基水杨酸 10g，加入 2mol/L 氢氧化钠溶液 200mL。

②待 3，5-二硝基水杨酸溶解，然后加入酒石酸钾钠 300g。

③待其完全溶解，用去离子水稀释至 2000mL，棕色瓶保存。

8. 50g/L 蔗糖溶液

配制量：1L

配制方法：称取蔗糖 50g，用去离子水溶解定容至 1L。

9. 0.1mol/L 蔗糖溶液

组分浓度 0.1mol/L

配制量：1L

配制方法：称取蔗糖 34.230g，用去离子水溶解并定容至 1L。

10. 20%乙酸溶液

配制量：1.2L

配制方法：量取冰乙酸 300mL，用去离子水稀释至 1200mL。

11. 300g/L 丙烯酰胺（Acrylamide）

配制量：1L

配制方法：①称量下列试剂，置于 1L 烧杯中。

丙烯酰胺	290g
BIS	10g

②向烧杯中加入约 600mL 的去离子水，充分搅拌溶解。

③加入去离子水将溶液定容至 1L，用 0.45μm 滤膜滤去杂质。

④于棕色瓶中 4℃保存。

注意：丙烯酰胺具有很强的神经毒性，并可通过皮肤吸收，其作用有积累性，配制时应戴手套等。聚丙烯酰胺无毒，但也应谨慎操作，因为有可能含有少量的未聚合成分。

12. 400g/L 丙烯酰胺

配制量：1L

配制方法：①称量下列试剂，置于 1L 烧杯中。

丙烯酰胺	380g
N，*N'*-亚甲基双丙烯酰胺	20g

②向烧杯中加入约 600mL 去离子水，充分搅拌溶解。

③加入去离子水将溶液定容至 1L，用 0.45μm 滤膜滤去杂质。

④于棕色瓶中 4℃保存。

注意：丙烯酰胺具有很强的神经毒性，并可通过皮肤吸收，其作用有积累性，配制时应戴手套等。聚丙烯酰胺无毒，但也应谨慎操作，因为有可能含有少量的未聚合成分。

13. 100g/L 过硫酸铵

配制量：10mL

配制方法：①称取 1g 过硫酸铵。

②加入 10mL 的去离子水后搅拌溶解。

③贮存于 4℃。

注意：10%过硫酸铵溶液在 4℃保存时间可使用 2 周左右，超过期限会失去催化作用。

14. 考马斯亮蓝 R-250 染色液

组分浓度：1g/L 考马斯亮蓝 R-250，25%（体积分数）异丙醇，10%（体积分数）冰醋酸

配制量：1L

配制方法：①称取 1g 考马斯亮蓝 R-250，置于 1L 烧杯中。

②量取 250mL 的异丙醇加入上述烧杯中，搅拌溶解。

③加入 100mL 的冰乙醋酸，均匀搅拌。

④加入 650mL 的去离子水，均匀搅拌。

⑤用滤纸滤去颗粒物质后，室温保存。

15. 考马斯亮蓝染色脱色液

组分浓度：10%（体积分数）醋酸，5%（体积分数）乙醇

配制量：1L

配制方法：①量取下列溶液，置于 1L 烧杯中。

醋酸	100mL
乙醇	50mL
蒸馏水	850mL

②充分混合后使用。

16. 凝胶固定液

组分浓度：50%（体积分数）甲醇，10%（体积分数）醋酸（SDS-PAGE 银氨染色用）

配制量：1L

配制方法：①量取下列溶液，置于 1L 烧杯中。

甲醇	500mL
醋酸	100mL
蒸馏水	400mL

②均匀混合后室温保存。

17. 凝胶处理液

组分浓度：50%（体积分数）甲醇，10%（体积分数）戊二醛（SDS-PAGE 银氨染色用）

配制量：1L

配制方法：①量取下列溶液，置于 1L 烧杯中。

甲醇	50mL
戊二醛	10mL
蒸馏水	40mL

②均匀混合后室温保存。

18. 凝胶染色液

组分浓度：4g/L 硝酸银，1%（体积分数）浓氨水，0.4g/L 氢氧化钠（SDS-PAGE 银氨染色用）

配制量：100mL

配制方法：

①量取下列试剂，加入 100~200mL 试剂瓶中。

200g/L 硝酸银	2mL
浓氨水	1mL
40g/L 氢氧化钠	1mL
蒸馏水	96mL

②均匀混合，该溶液应为无色透明状。氨水浓度过低时，溶液会呈现混浊状，此时应补加浓氨水，直至透明。

③本染色液应现用现配，不宜保存。

19. 显影液

组分浓度：0.005%（体积分数）柠檬酸，0.02%（体积分数）甲醛（SDS-PAGE 银氨染色用）

配制量：1L

配制方法：①称取下列试剂，置于 1L 试剂瓶中。

柠檬酸	50mg
甲醛	0.2mL

②加入 1L 去离子水后，摇动混合后溶解。

③室温保存。

20. 45%乙醇溶液

配制量：1L

配制方法：量取无水乙醇 450mL，加入去离子水 550mL，混匀。

21. 50g/L 的十二烷基磺酸钠溶液

配制量：0.1L

配制方法：称取 5.0g 十二烷基磺酸钠，溶于 100mL 4%的乙醇溶液中。

22. 三氯甲烷-异戊醇混合试剂

配制方法：取 500mL 三氯甲烷试剂，加入 21mL 异戊醇试剂，混匀。

23. 1.6%乙醛溶液

配制量：0.1L

配制方法：取 47%乙醛 3.4mL，用去离子水定容至 100mL。

24. 二苯胺试剂

配制方法：①称取二苯胺试剂 0.8g，溶解于 180mL 冰乙酸中。

②再加入 8mL 高氯酸混匀。

③临用前加入 0.8mL 1.6%乙醛溶液。

注意：配制完成后试剂应为无色。

25. 150g/L 三氯乙酸溶液

配制量：2L

配制方法：称取三氯乙酸 300g，用去离子水溶解并定容至 2000mL。

26. 10g/L 谷氨酸溶液

配制量：0.5L

配制方法：①称取 5g 谷氨酸，先用适量去离子水溶解。

②再用氢氧化钾溶液中和至中性。

③最后用去离子水定容至 0.5L。

27. 10g/L 丙酮酸溶液

配制量：0.5L

配制方法：①称取 5g 丙氨酸，先用适量去离子水溶解。

②再用氢氧化钾溶液中和至中性。

③最后用去离子水定容至 0.5L。

28. 1g/L 的碳酸氢钾溶液

配制量：0.5L

配制方法：称取碳酸氢钾 0.5g，用去离子水溶解并定容至 0.5L。

29. 0.5g/L 的碘乙酸溶液

配制量：0.25L

配制方法：称取 0.125g 碘乙酸，用去离子水溶解定容至 0.25L。

30. Locke 氏溶液

配制量：2L

配制方法：称取 18g 氯化钠、0.84g 氯化钾、48g 氯化钙、0.3g 碳酸氢钠、2g 葡萄糖，用去离子水溶解并定容至 2000mL。

31. 0.2mol/L 的丁酸溶液

配制量：1L

配制方法：①量取 18mL 正丁酸试剂。

②用 1mol/L 的氢氧化钠中和。

③再用去离子水定容至 1L。

32. 0.1mol/L 的硫代硫酸钠溶液

配制量：10L

配制方法：称 248.17g 硫代硫酸钠，用去离子水溶解并定容至 10L。

33. 0.1mol/L 的碘溶液

配制量：1L

配制方法：①称取碘 12.7g 和碘化钾 25g。

②用去离子水溶解并定容至 1L。

③用 0.1mol/L 的硫代硫酸钠标定。

34. 100g/L 氢氧化钠溶液

配制量：2L

配制方法：称取 200g 氢氧化钠，用去离子水溶解并定容至 2L。

35. 10%盐酸溶液

配制量：0.2L

配制方法：量取浓盐酸 49.3mL，用去离子水定容至 0.2L。

36. 1g/L 标准丙氨酸溶液

配制量：0.5L

配制方法：称取丙氨酸 0.5000g，用去离子水溶解并定容至 0.5mL。

37. 1g/L 标准谷氨酸溶液

配制量：0.5L

配制方法：称取谷氨酸 0.5000g，用去离子水溶解并定容至 500mL。

38. 1g/L 水合茚三酮乙醇溶液

配制量：1L

配制方法：称取 1g 水合茚三酮试剂，溶于 1000mL 无水乙醇中。

39. 酚溶液

配制方法：在大烧杯中加入 80mL 去离子水，再加入 300g 苯酚，在水浴中加热搅拌、混合至苯酚完全溶解。将该溶液倒入盛有 200mL 去离子水的 1000mL 分液漏斗内，轻轻振荡混合，使其成为乳状液。静止 7~10h，乳状液变成两层透明溶液，下层为被水饱和的酚溶液，放出下层，贮存于棕色瓶中备用。

40. 5g/L 淀粉溶液

配制量：0.1L

配制方法：称取淀粉 0.5g，用去离子水溶解定容至 0.1L。

41. 对羟基联苯试剂

配制方法：称取对羟基联苯 1.5g，溶于 100mL 0.5%氢氧化钠溶液中，配制成 1.5%的溶液。若对羟基联苯颜色较深，应用丙酮或无水乙醇重结晶，放置时间较长时，会出现针状结晶，应摇匀后使用。

42. 3%酸性乙醇溶液

浓盐酸　　　　3mL

95%乙醇	97mL

43. 中性红指示剂

中性红	0.04g
95%乙醇	28mL
蒸馏水	72mL

中性 pH6.8~8 颜色由红变黄，常用浓度为 0.04%。

44. 溴甲酚紫指示剂

溴甲酚紫	0.04g
0.01mol/L NaOH	7.4mL
蒸馏水	92.6mL

溴甲酚紫 pH5.2~5.6，颜色由黄变紫，常用浓度为 0.04%。

45. 溴麝香草酚蓝指示剂

溴麝香草酚蓝	0.04g
0.01mol/L NaOH	6.4mL
蒸馏水	93.6mL

溴麝香草酚蓝 pH6.0~7.6，颜色由黄变蓝，常用浓度为 0.04%。

46. 甲基红试剂

甲基红	0.04g
95%乙醇	60mL
蒸馏水	40mL

先将甲基红溶于 95%乙醇中，然后加入蒸馏水即可。

47. V.P.Y 试剂

（1）50g/L α-萘酚无水乙醇溶液

α-萘酚	5g
无水乙醇	100mL

（2）400g/L KOH 溶液

KOH 40g 用蒸馏水定容至 100mL 即可。

48. 吲哚试剂

对二甲基氨基苯甲醛	2g
95%乙醇	190mL
浓盐酸	40mL

第五节　常用抗生素

1. 氨苄青霉素（ampicillin）（100mg/mL）

溶解 1g 氨苄青霉素钠盐于足量的水中，最后定容至 10mL。分装成小份，-20℃贮存。常以 25~50μg/mL 的终浓度添加于生长培养基。

2. 羧苄青霉素（carbenicillin）（50mg/mL）

溶解0.5g羧苄青霉素二钠盐于足量的水中，最后定容至10mL。分装成小份于-20℃贮存。常以25~50μg/mL的终浓度添加于生长培养基。

3. 甲氧西林（methicillin）（100mg/mL）

溶解1g甲氧西林钠于足量的水中，最后定容至10mL。分装成小份于-20℃贮存。常以37.5μg/mL终浓度与100μg/mL氨苄青霉素一起添加于生长培养基。

4. 卡那霉素（kanamycin）（10mg/mL）

溶解100mg卡那霉素于足量的水中，最后定容至10mL。分装成小份于-20℃贮存。常以10~50μg/mL的终浓度添加于生长培养基。

5. 氯霉素（chloramphenicol）（25mg/mL）

溶解250mg氯霉素于足量的无水乙醇中，最后定容至10mL。分装成小份于-20℃贮存。常以12.5~25μg/mL的终浓度添加于生长培养基。

6. 链霉素（streptomycin）（50mg/mL）

溶解0.5g链霉素硫酸盐于足量的无水乙醇中，最后定容至10mL。分装成小份于-20℃贮存。常以10~50μg/mL的终浓度添加于生长培养基。

7. 萘啶酮酸（nalidixic acid）（5mg/mL）

溶解50mg萘啶酮酸钠盐于足量的水中，最后定容至10mL。分装成小份于-20℃贮存。常以15μg/mL的终浓度添加于生长培养基。

8. 四环素（tetracycline）（10mg/mL）

溶解100mg四环素盐酸盐于足量的水中，或者将无碱的四环素溶于无水乙醇，定容至10mL。分装成小份用铝箔包裹装液管以免溶液见光，于-20℃贮存。常以10~50μg/mL的终浓度添加于生长培养基。

本章思考题

1. 食品微生物检测实验室应具备哪些硬件条件？
2. 微生物检测实验中常用的器皿有哪些？如何进行清洗和消毒？
3. 微生物检测对试剂有何要求？

第二章　食品微生物学基础实验

CHAPTER 2

第一节　普通光学显微镜的构造与使用

（一）实验目的与要求

1. 了解普通光学显微镜的构造与原理。

2. 掌握使用显微镜的方法。

3. 学习并掌握油镜的工作原理、使用与维护方法。

（二）实验原理

微生物的个体微小，必须借助显微镜才能观察到它们的个体形态和细胞结构，所以，显微镜是研究微生物不可或缺的工具。

1. 普通光学显微镜的构造

光学显微镜的基本结构包括机械装置和光学系统两大部分（图 2-1）。

（1）机械装置　机械装置包括镜座、镜臂、镜筒、物镜转换器、载物台、玻片移动螺旋、粗调节螺旋和细调节螺旋等部件。

①镜座：显微镜的基座，可使显微镜平稳地放置在平台上，其上装有显微镜电源开关、照明光源和电源的亮度调节旋钮。

②镜臂：弯曲如臂，用以支撑镜筒，同时也是取用和搬动显微镜时手握的部位。

③镜筒：连接目镜和物镜的金属圆筒。镜筒上端插入目镜，下端与物镜转换器相连。镜筒的长度一般为 160mm。目前，显微镜多见斜筒式，特别是双镜斜筒的，使观察时眼睛不易疲劳，用起来方便，增加立体感。两镜筒之间的距离可以根据使用者两眼距离及视力进行调节。

④物镜转换器：位于镜筒下端，是一个可以旋转的圆盘，其上装有 3~5 个不同放大倍数的物镜。为了使用方便，物镜一般按低倍到高倍的顺序安装。转换物镜时，必须用手旋转圆盘，切勿用手推动物镜，以免使物镜松脱而招致损坏。

⑤载物台：用于放置被检标本的平台，呈正方形或圆形，中央有一个通光孔。载物台一般可前后左右移动。载物台上装有固定玻片的标本夹，用以固定被检标本。有的载

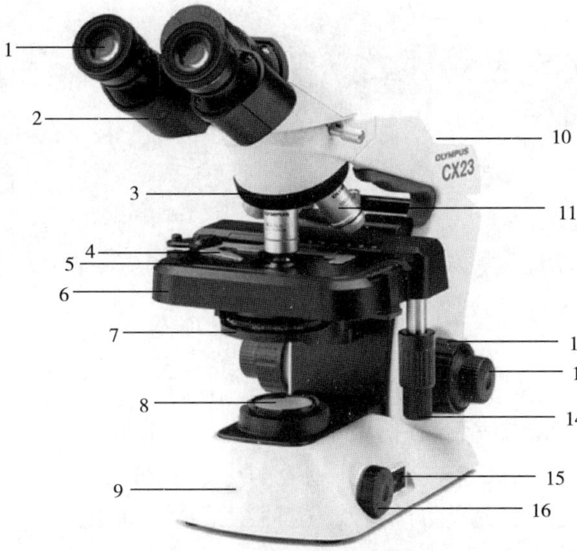

图 2-1　普通光学显微镜的构造

1—目镜　2—镜筒　3—目镜转换器　4—标本夹　5—聚光镜　6—载物台　7—可变光阑
8—光源　9—底座　10—镜臂　11—物镜　12—粗调节螺旋　13—细调节螺旋　14—标本移动螺旋
15—电源开关　16—电源调节旋钮

物台上还装有标尺，用于固定标本位置，以利于重复观察。载物台上还装有标本移动螺旋，能使标本玻片前后左右移动，有利于在显微镜中观察到标本目标。有的显微镜载物台下装有聚光镜。

⑥调焦装置：镜臂两侧靠近镜座处有粗调节螺旋和细调节螺旋各一对，旋转时可使镜筒上升或下降，以便得到清晰的物像，即调焦。调焦是获得清晰图像的关键。用低倍观察时仅需粗调就能获得清晰物像；在采用高倍镜和油镜时，粗调获得模糊图像后，还需细调才能看清物像。大的一对是粗调节螺旋，每旋转一周可使镜筒升降 10mm；小的一对是细调节螺旋，每旋转一周可使镜筒升降 0. 1mm。初学者，切忌在观察物像时将粗调节螺旋猛烈向下旋转，造成物镜镜头触及玻片而损坏。

（2）光学系统　光学系统包括目镜、物镜、聚光镜、可变光阑、光源。

①目镜：插入镜筒上端，供眼睛观察物像用，它由透镜构成。目镜的功能是将经物镜放大的物像再次放大。目镜的放大倍数标在镜头上，常见的有 5×，10×，15×，20×等（图 2-2），可按需使用。

图 2-2　目镜的放大倍数标识

②物镜：物镜是决定显微镜性能（如分辨率）的最重要部件，它将标本第一次放大成倒像。物镜可分为低倍镜（4×或 10×）、高倍镜（40×或 60×）和油镜（100×）等不同的放大倍数，如图 2-3所示。

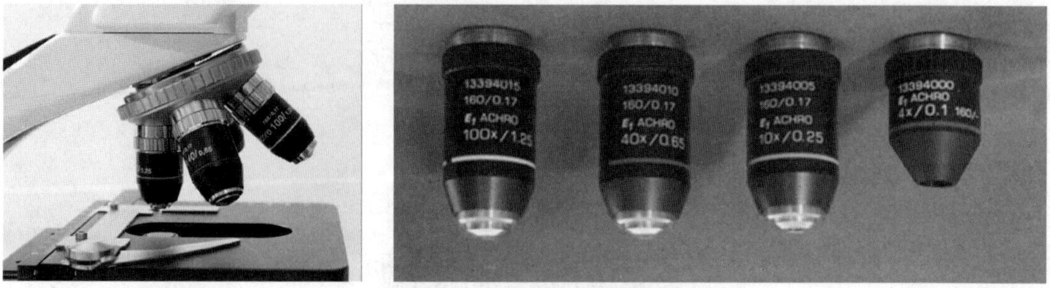

图 2-3　不同放大倍数的物镜

根据使用方法不同，物镜可分为两种：

a. 干燥系物镜：一般指放大 60 倍以下的物镜，它们和标本之间的介质是空气。

b. 油浸系物镜：放大 100 倍的物镜。物镜与标本之间必须加入一种和玻璃折光率几乎相等的香柏油才能观察到清晰的物像，这种物镜称为油镜。一般油镜上标以“OI”（oil immersion）或“HI”（homogeneous immersion）的字样。也有刻一圈白线为标记，用以区别其他物镜（图 2-3）。

③聚光器：由聚光镜和可变光阑组成。聚光镜可上下移动，它能把平行的光汇聚成束，聚焦在标本上，增强被检物体的照明度。通过拨动可变光阑的操作杆，可使光圈扩大或缩小，用以调节光的强度和数值孔径的大小。在观察较透明的标本时，光圈宜缩小些，这时分辨力虽降低，但反差增强，从而使透明的标本看得更清楚。

④光源：它的功能是采集光线并将光线射向聚光器。其亮度可通过电源调节旋钮进行调节。目前显微镜采用装在底座内的光源，所以不再需要反光镜。

2. 显微镜的放大倍数

普通光学显微镜利用物镜和目镜两组透镜来放大成像，标本先被物镜第一次放大，再被目镜第二次放大，因此，显微镜的放大倍数是两者的乘积（注意两个数字的先后顺序不能写反）。

$$放大倍数=物镜放大倍数\times目镜放大倍数$$

3. 油镜的工作原理

显微镜的优劣主要取决于分辨率的大小，所谓分辨率是指显微镜工作时能分辨出两点间最小距离（D）的能力。D 值越小，分辨率越高。D 值可用式 2-1 表示：

$$D=0.61\frac{\lambda}{NA} \tag{2-1}$$

式中　λ——光的波长；

NA——数值孔径。

欲提高显微镜的分辨率，一是缩短光的波长，二是增大物镜的数值孔径。普通光学显微镜所利用的光源基本是可见光。影响数值孔径的因素有镜口角和介质的折射率。NA 值可用式 2-2 表示：

$$NA = \eta \cdot \sin \frac{\alpha}{2} \tag{2-2}$$

式中　η——物镜与标本间介质的折射率；

α——镜口角。

镜口角是指已通过标本的光线延伸到物镜前透镜边缘所形成的夹角 α（图 2-4）。当 sin（$\alpha/2$）增到最大值时，$\alpha/2=90°$，即进入透镜的光线与光轴成 90°，这是不可能的，所以 sin（$\alpha/2$）的最大值总是小于 1。

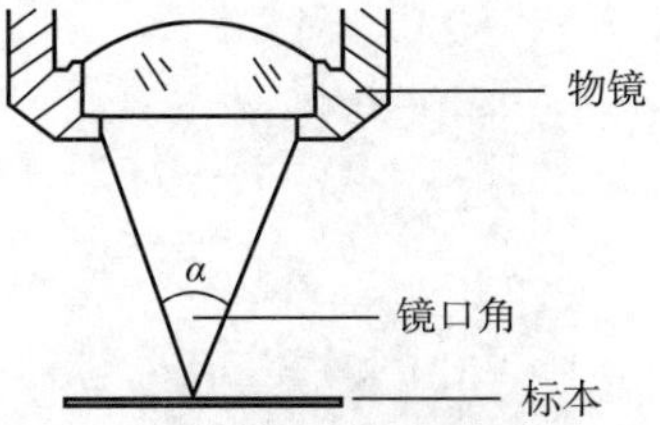

图 2-4　物镜的镜口角

影响数值孔径的另一因素是介质的折射率 n，不同介质的折射率是不同的，空气的折射率为 1.0，水的折射率为 1.33，香柏油的折射率为 1.52，玻璃的折射率为 1.5。由图 2-5 可知，当光线通过玻片与镜头之间的空气时，由于空气与玻片的折射率不同，使光线发生散射，从而降低了视野的照明度。若中间的介质是一层香柏油（其折射率与玻片的相近），则几乎不发生折射，增加了视野的进光量，从而使物像更加清晰。因此，在物镜和标本间加入香柏油作介质时，数值孔径就可增加到 1.2~1.4。所以，当用数值孔径为 1.25 的油镜来观察标本时，就能分辨出距离不小于 0.2μm 的物体，而大多数细菌的直径在 0.5μm，故在油镜下能看清楚细菌的形态及某些结构。

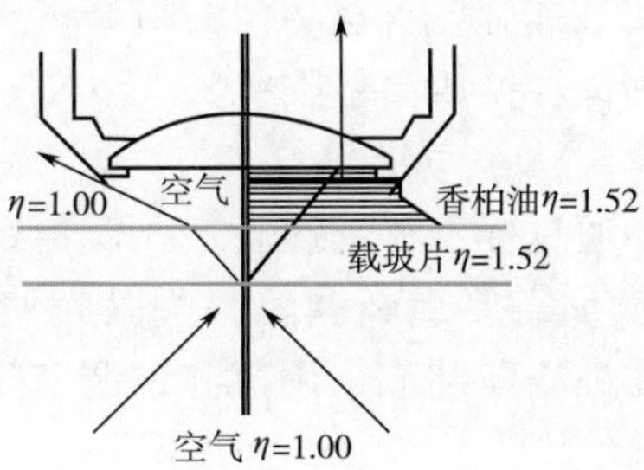

图 2-5　干燥物镜与油镜的光线通路比较

（三）实验材料

1. 菌种

酿酒酵母（*Saccharomyces cerevisiae*）的水封片、大肠杆菌（*Escherichia coli*）、枯草芽孢杆菌（*Bacillus subtilis*）、金黄色葡萄球菌（*Staphylococcus aureus*）的染色装片。

2. 仪器及其他用品

显微镜（有油镜）、擦镜纸、香柏油、二甲苯。

（四）实验方法与步骤

1. 观察前的准备

（1）领取并检查显微镜　从显微镜箱中取出显微镜时，用右手紧握镜臂，左手托住镜座（切忌单手拎提），镜身保持直立（图 2-6），轻轻放置在实验台上，镜座距实验台边沿约 10cm 或一手掌宽。然后检查各部件是否齐全，镜头是否清洁（若发现问题应及时报告老师）。观察者身体坐正。

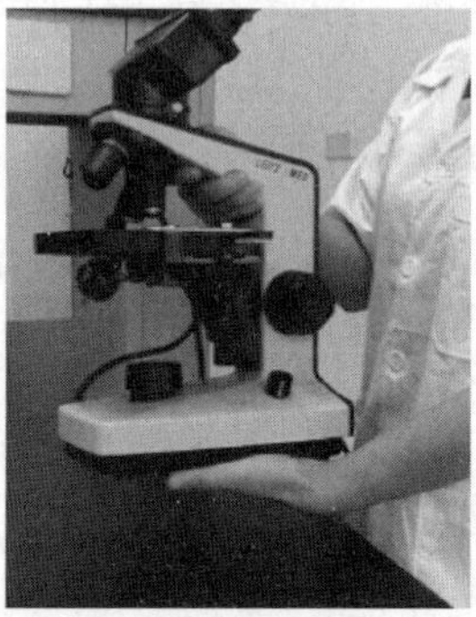

图 2-6　显微镜的搬动方法

（2）调节光源与目镜　将低倍物镜转到工作位置，聚光镜升至与载物台相距约 1mm，将可变光阑完全打开。安装在镜座内的光源灯可通过电源调节旋钮获得适当的照明亮度。观察染色装片时，光线宜强；观察未染色装片时，光线不宜太强。根据使用者的两眼距离及视力，可以适当调整两镜筒之间的距离。

2. 低倍镜观察酵母菌

上升镜筒，将酿酒酵母水封片（涂面朝上）置于载物台中央，用标本夹固定，通过标本移动螺旋将标本移动到物镜的正下方。上升载物台，使镜头与标本间的距离缩短到 10mm 左右。然后，一边看目镜内的视野，一边调节粗调节螺旋使镜头缓慢升高，至视野内出现物像时，改转动细调节螺旋，直至物像清晰为止。观察并绘制酵母菌的形态。

若要精细观察需将低倍物镜转换成高倍物镜。

3. 高倍镜观察

将高倍镜转到工作位置。通过标本移动螺旋将在低倍镜下找到的合适部位移动到视野中央。由于每转换一次物镜都需要重新调焦，所以先使物镜降至非常靠近玻片的位置，然后再慢慢上升镜筒，并细心地调节粗调节和细调节螺旋，直至物像清晰为止。仔细观察酵母菌的形态与结构并绘图。

如果是观察细菌，此时不要移动装片位置，准备换油镜观察。

4. 油镜观察细菌

（1）在高倍镜或低倍镜下找到要观察的细菌区域后，将镜筒上升 2cm，将油镜转到工作位置（正下方）。在细菌染色标本的镜检部位（镜头的正下方）滴加一小滴香柏油。

（2）从侧面注视，小心慢慢地降下镜筒，使油镜的镜头浸在香柏油中，并几乎与玻片接触时停止。注意油镜的镜头不可压及玻片，以免压碎玻片，损坏镜头。

（3）将光线调亮，从目镜观察，用粗调节螺旋将镜筒徐徐上升（切忌反方向旋转），当视野中出现物像时，再旋转细调节螺旋使物像清晰。如果因镜头下降未到位或镜头上升太快而没捕捉到一闪而过的物像，必须再从侧面观察，将油镜降下，重复操作直至看到清晰的物像为止。仔细观察细菌形态并绘图。

5. 调换标本

升高镜筒，换上另一种细菌的染色装片，依次用低倍镜、高倍镜和油镜观察，绘图。重复观察时所加香柏油的量可比上一次少。

6. 镜检完毕后的工作

（1）上升镜筒。

（2）取下玻片。

（3）清洁油镜　先用擦镜纸擦去镜头上的香柏油，再用擦镜纸沾少许二甲苯擦掉残余的香柏油，最后再用干净的擦镜纸擦干残留的二甲苯，以上统称为“三擦”。

（4）用干净的擦镜纸清洁目镜和其他物镜，用柔软的绸布擦净机械部分的灰尘。

（5）还原各部分　将物镜转成“八”字形，再向下旋，使物镜靠置在载物台上。将聚光器下降到最低位置。最后套上镜罩，对号放入镜箱中。

（五）思考题

1. 影响显微镜分辨率的因素有哪些？
2. 使用油镜时应特别注意哪些问题？
3. 如何根据所观察微生物的大小，选择不同的物镜进行有效观察？

第二节　细菌简单染色法和革兰氏染色法

一、细菌简单染色法

（一）实验目的与要求

1. 巩固光学显微镜油镜的使用和维护方法。
2. 学习微生物涂片、染色的基本技术。
3. 掌握细菌简单染色法。
4. 认识细菌的形态特征。

（二）实验原理

细菌的涂片和染色是微生物学实验中的一项基本技术。细菌个体微小且透明，对光线的吸收和反射与水溶液差别不大，直接在普通光学显微镜下观察不易识别。若对细菌进行染色，可以使染色后的菌体与背景形成明显的反差，从而能清楚地观察到细菌的形态和结构。染色技术是微生物形态学研究的重要手段，它可分为简单染色、鉴别染色和特殊染色三种类型。

简单染色法是采用一种染料使细菌着色的染色方法。细菌的等电点 pI 2~5，因此在中性、碱性和偏酸性溶液中，菌体一般带负电荷。碱性染料电离后带正电荷，可与菌体内的负电荷结合，所以在细菌学研究中大多采用碱性染料进行染色。常用的碱性染料有碱性复红、结晶紫、孔雀绿和美蓝等。

染色前必须先固定细菌。固定的作用有：①杀死细菌；②使菌体牢固地黏附在载玻片上，以免水洗时被水冲掉；③增加菌体对染料的亲和力（死细胞更容易上色）。常用的是加热固定和化学固定两种方法。

（三）实验材料

1. 菌种

大肠杆菌（*Escherichia coli*）、枯草芽孢杆菌（*Bacillus subtilis*）、金黄色葡萄球菌（*Staphylococcus aureus*）。

2. 染色剂

石炭酸复红染色液或草酸铵结晶紫染色液。

3. 仪器及其他用品

显微镜（有油镜）、接种环、酒精灯、打火机、载玻片、滴管、竹夹、擦镜纸、吸水纸、香柏油、二甲苯、无菌水或生理盐水。

（四）实验方法与步骤

1. 涂片

取一块洁净无油污的载玻片，往其中央滴加一小滴无菌水或生理盐水，用彻底灼烧过的接种环从菌种斜面上挑取少许菌体（在酒精灯火焰上方进行），与水滴充分混匀并涂成极薄而均匀的菌膜。如果用菌悬液或液体培养物涂片，则按上述无菌操作要求用接种环挑取 2~3 环直接涂于载玻片上。涂片结束后将接种环灼烧灭菌（图 2-7）。

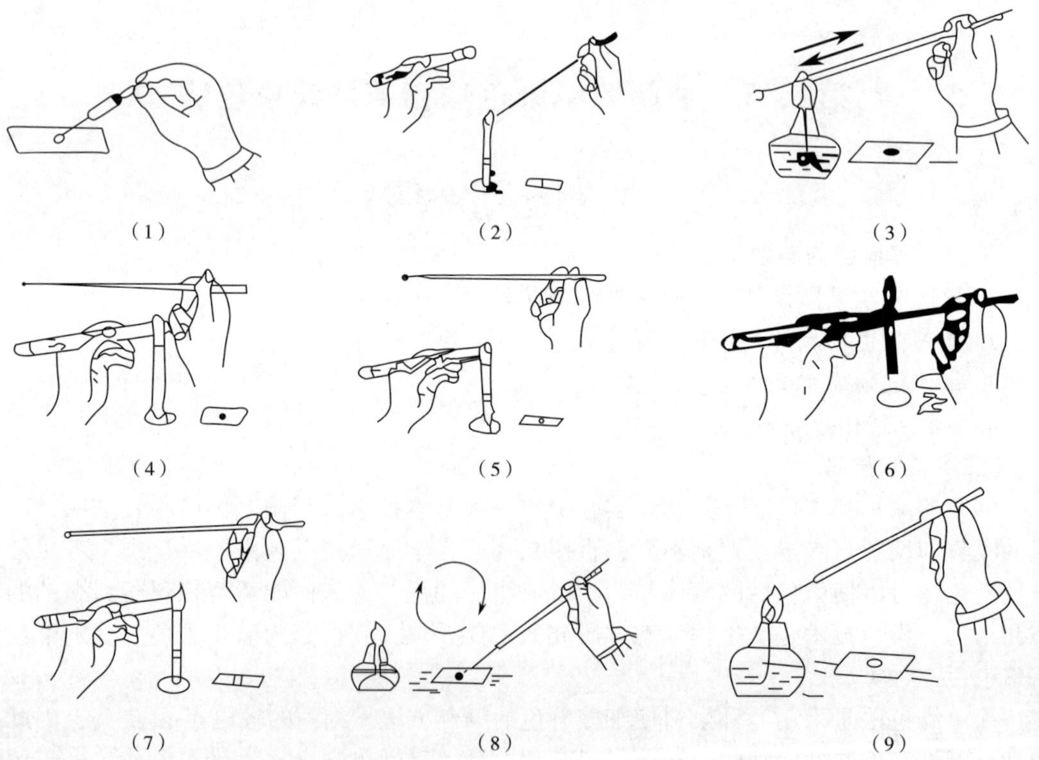

图 2-7　涂片制作过程示意图

2. 固定

用木夹或竹夹夹住载玻片，手持木夹或竹夹，或以食指与拇指轻轻捏住玻片两边以中指轻触玻片一端，持住玻片，有涂菌的一面朝上，将玻片在酒精灯火焰上方通过微火几次，使其干燥（图 2-8）。热固定时载玻片切勿离火焰太近，用手指触摸涂片背面，以不烫手为宜。

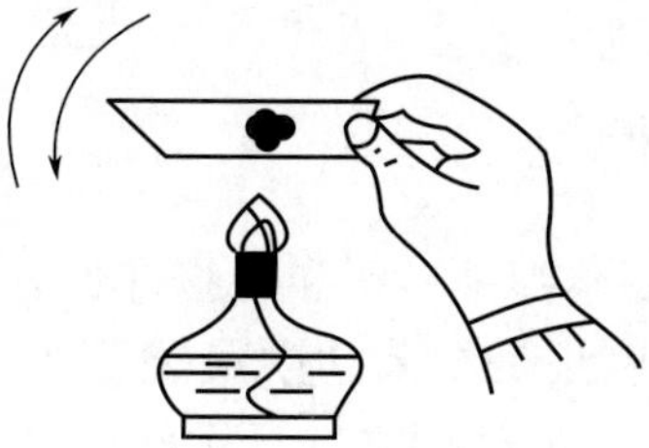

图 2-8　热固定操作示意图

3. 染色

待玻片冷却后，将其置于平台上，滴加适量的石炭酸复红染色液或草酸铵结晶紫染色液于菌斑上（染液刚好覆盖涂片上的菌斑为宜），静置染色 1~2min。

4. 水洗

倾去染色液，斜持玻片，用自来水的细水流从载玻片的上端轻轻冲洗（不得直接冲在涂菌处），直至从涂片上流下的水中无染色液的颜色为止（图 2-9）。

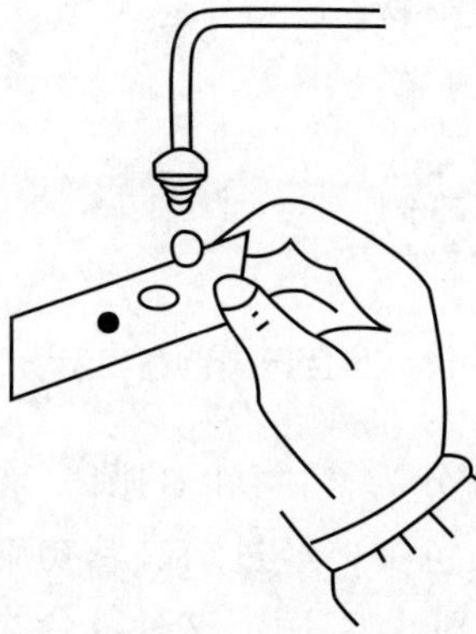

图 2-9　水洗示意图

5. 干燥

空气中自然晾干或用吸水纸盖在涂菌部位以吸干水分（注意不要擦掉菌体）。

6. 镜检

待标本完全干燥后，先用低倍镜和高倍镜观察，将典型部位移至视野中央，再用油镜观察。

（五）思考题

1. 制作涂片标本时，应注意哪些环节？

2. 涂片在染色前为什么要先进行固定？固定时应注意哪些问题？
3. 为什么要求制片完全干燥后才能用油镜观察？
4. 你在涂片及染色过程中遇到了哪些问题？试分析其中的原因。

二、 革兰氏染色法

（一）实验目的与要求

1. 了解革兰氏染色法的原理。
2. 掌握细菌的革兰氏染色技术。

（二）实验原理

细菌经简单染色后，只能观察细菌形状和细胞排列方式，不能鉴别细菌，也不能观察细菌的特殊结构。革兰氏染色法是细菌学中最重要的鉴别染色法。革兰氏染色法是1884年由丹麦病理学家 Christain Gram 创立的，用此法可将所有的细菌分为革兰氏阳性菌（G^+）和革兰氏阴性菌（G^-）两大类。

革兰氏染色法的基本步骤是：先用结晶紫进行初染，再用碘液媒染，然后用乙醇（或丙酮）脱色，最后用石炭酸复红染色液复染（图 2-10）。完成此方法染色后，在显微镜下观察，凡保留初染剂结晶紫颜色（紫色）的细菌为 G^+ 菌；如果细胞中初染剂被脱色剂洗脱而使细菌染上复染剂的颜色（红色），则该菌属于 G^- 菌。

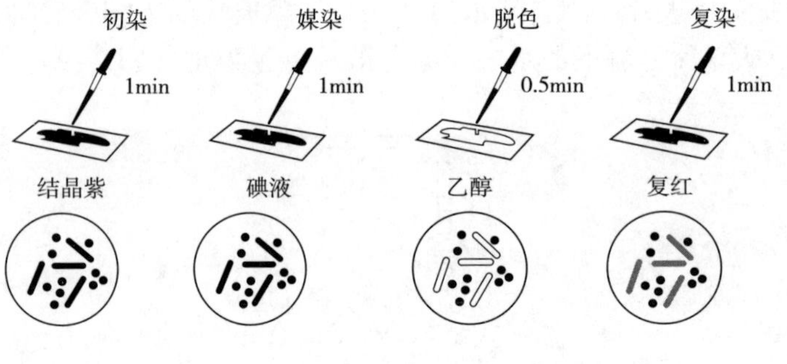

图 2-10 革兰氏染色过程示意图

革兰氏染色法之所以能将细菌分为 G^+ 菌和 G^- 菌，是由这两类细菌细胞壁的结构和化学组成不同决定的。在革兰氏染色中，经过结晶紫初染和碘液媒染后，细胞内形成了深紫色的“结晶紫-碘”复合物。对于 G^- 菌，这种复合物可用乙醇从细胞内浸出，而 G^+ 菌则不能。其原因是 G^+ 菌细胞壁中肽聚糖层较厚且交联度高，类脂质含量少，用乙醇脱色处理后反而使肽聚糖层的孔径缩小以至关闭，阻止“结晶紫-碘”复合物渗出，从而保留初染剂的紫色。而 G^- 菌细胞壁较薄，其中肽聚糖含量少且交联度低，但含有较多易被乙醇溶解的类脂质，所以用乙醇脱色时溶解了类脂质，增加了细胞壁的通透性，使“结晶紫-碘”复合物易于渗出，结果是细菌被脱色，再经复红染色液复染后细胞被染上红色。

（三）实验材料

1. 菌种

大肠杆菌（*Escherichia coli*）、枯草芽孢杆菌（*Bacillus subtilis*）或金黄色葡萄球菌（*Staphylococcus aureus*）。

2. 染色剂

结晶紫染色液、碘液、石炭酸复红液。

3. 仪器及其他用品

显微镜（有油镜）、接种环、酒精灯、打火机、载玻片、滴管、竹夹、擦镜纸、吸水纸、香柏油、二甲苯、无菌水或生理盐水、95%乙醇溶液。

（四）实验方法与步骤

1. 涂片

（1）常规涂片法 取一洁净无油污的载玻片，用记号笔在载玻片的左右两端标上菌名，然后在两端各滴一小滴无菌水或生理盐水。按照无菌操作要求，用灼烧过的接种环分别挑取少量相应菌体与水滴混匀（注意换取另一种菌前接种环必须灼烧灭菌），涂片方法参见“细菌简单染色法”，如图 2-11 所示。

图 2-11 常规涂片法示意图

（2）三区涂片法 取一洁净无油污的载玻片，用记号笔在载玻片的左右两端标上菌名，然后在两端各滴一小滴无菌水或生理盐水。按照无菌操作要求，用灼烧过的接种环挑取少量枯草芽孢杆菌与左边水滴充分混合，涂成仅有枯草芽孢杆菌的区域，并将少量菌液向右延伸至玻片的中央。灼烧接种环，稍冷却后挑取少量大肠杆菌与右边的水滴充分混合，涂成仅有大肠杆菌的区域，并将少量菌液向左延伸至玻片的中央，与枯草芽孢杆菌相混合，涂成含有两种菌的混合区（图 2-12）。

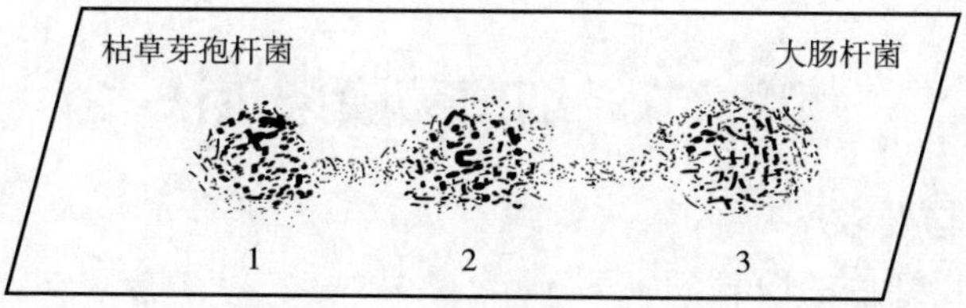

图 2-12 三区涂片法示意图

1—枯草芽孢杆菌区 2—两菌混合区 3—大肠杆菌区

2. 固定

用木夹或竹夹夹住载玻片，手持木夹或竹夹，涂菌的一面朝上，将玻片在酒精灯火焰上方通过微火几次，使其干燥（图 2-8）。热固定时载玻片切勿离火焰太近，用手指触摸涂片背面，以不烫手为宜。

3. 初染

待玻片冷却后，将其置于平台上，滴加适量的结晶紫染色液于菌斑上（加量以覆盖涂片上的菌斑为度），静置染色 1min。

4. 水洗

倾去染色液，斜持玻片，用自来水的细水流从载玻片的上端轻轻冲洗（不得直接冲在涂菌处），直至从涂片上流下的水中无染色液的颜色为止（图 2-9），用吸水纸印干。

5. 媒染

将涂片置于平台上，在涂菌处滴加碘液，静置染色 1min。

6. 水洗

同 4。

7. 脱色

将涂片置于平台上，在涂菌处滴加 95%乙醇溶液，静置脱色处理 30s。

8. 水洗

同 4。

9. 复染

将涂片置于平台上，在涂菌处滴加复红染色液，静置染色 1min。

10. 水洗

同 4。

11. 镜检

待标本完全干燥后，先用低倍镜和高倍镜观察，将典型部位移至视野中央，再用油镜观察。菌体被染成蓝紫色的是革兰氏阳性菌（G^+），被染成红色的是革兰氏阴性菌（G^-）。

（五）思考题

1. 革兰氏染色过程中哪一步最关键？为什么？如何控制这一步？
2. 不经过复染这一步，能否区别革兰氏阳性菌和革兰氏阴性菌？
3. 革兰氏染色时，对细菌菌龄有怎样的要求？为什么？

第三节　细菌荚膜染色法

（一）实验目的与要求

1. 掌握细菌荚膜染色的原理。
2. 掌握细菌的荚膜染色法。

（二）实验原理

糖被是某些细菌的特殊结构，包被于某些细菌细胞壁外的一层厚度不定的透明胶状物质称为糖被。糖被的有无、厚薄除与菌种的遗传性有关外，还与环境尤其是营养条件密切相关。糖被按其有无固定层次、层次厚薄，又可细分为荚膜、微荚膜、黏液层和菌胶团等数种。细菌的糖被具有多种重要生理功能，在科学研究和生产实践中也有较多的应用，例如用于细菌的菌种鉴定。

由于荚膜与染料间的亲和力弱，不容易着色，而且可溶于水，在用水冲洗时易被除去，所以通常采用负染色法，即设法使菌体和背景着色而荚膜不着色，从而使荚膜在菌体周围呈一透明圈（图 2-13）。此外，由于荚膜的含水量很高（90%以上），所以制片时一般不加热固定，以免荚膜皱缩变形，影响观察。

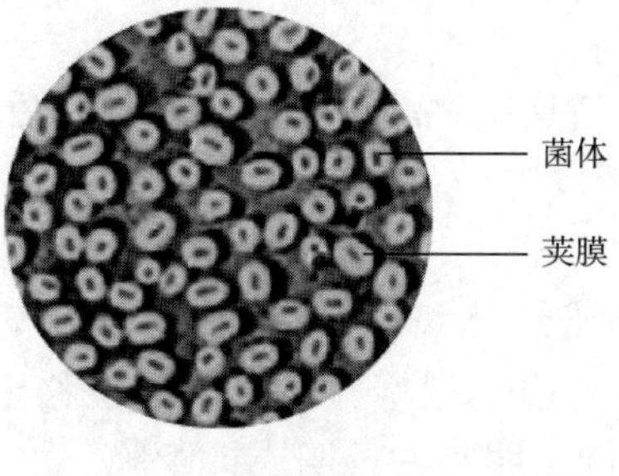

图 2-13　细菌荚膜的显微观察图

（三）实验材料

1. 菌种

胶质芽孢杆菌（*Bacillus mucilaginosus*，俗称钾细菌）。该菌在以甘露醇作碳源的培养基上生长时，荚膜丰厚。

2. 染色剂

绘图墨水（用滤纸过滤后备用）、石炭酸复红染色液、黑素、1%结晶紫水溶液。

3. 仪器及其他用品

显微镜（有油镜）、接种环、酒精灯、打火机、载玻片、盖玻片、竹夹、烧杯、滴管、擦镜纸、吸水纸、香柏油、二甲苯、95%乙醇、6%葡萄糖溶液、甲醇。

（四）实验方法与步骤

1. 负染色法

（1）制片　取干净的载玻片一块，在中央滴加蒸馏水一滴，按照无菌操作要求，用接种环取少量培养了 3~5d 的胶质芽孢杆菌菌体制成涂片（参见“细菌简单染色法”）。

（2）干燥　将涂片放在空气中自然晾干（不可用火焰烘干）。

（3）染色　加石炭酸复红染色液，静置染色 2~3min。

（4）水洗　用水轻轻冲洗，去除复红染色液。

（5）干燥　将载玻片放在空气中自然晾干。

（6）涂黑素　在载玻片染色涂面的左边加一小滴黑素，另取一块边缘光滑的载玻片（用作推片），将推片的边缘置于黑素前方，然后稍向右拉，使其与黑素接触，等黑素沿推片接触边缘散开，然后以 30℃ 倾角迅速而均匀地往右拖动推片，使黑素在染色涂面上涂成均匀的一薄层（图 2-14）。

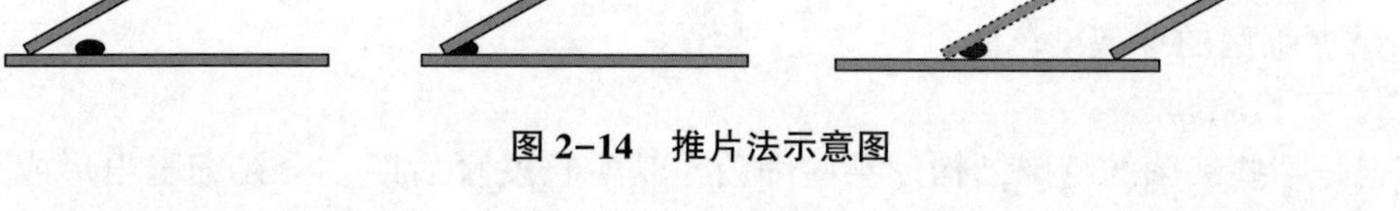

图 2-14　推片法示意图

(7) 干燥　自然晾干。

(8) 镜检　先用低倍镜和高倍镜观察，将典型部位移至视野中央，再用油镜观察。背景灰黑色，菌体红色，荚膜无色。

2. 湿墨水法

(1) 制菌液　在洁净的载玻片中央滴加一滴墨水，然后按照无菌操作要求，用接种环取少量菌体与其充分混合均匀。

(2) 加盖玻片　取一洁净的盖玻片盖于混合液上（加盖玻片时不可有气泡，否则影响观察），然后在盖玻片上放一张吸水纸，用手指稍微向下轻压以吸去多余的菌液。

(3) 镜检　先用低倍镜和高倍镜观察，将典型部位移至视野中央，再用油镜观察。背景灰色，菌体较暗，菌体周围一明亮的透明圈即荚膜。

3. 干墨水法

(1) 制菌液　在洁净的载玻片左端滴加一滴6%的葡萄糖溶液，按照无菌操作要求，用接种环取少量菌体与其充分混合均匀。然后再加一滴墨水，充分混匀。

(2) 制片　左手执载玻片，右手另拿一边缘光滑的载玻片（作推片用），将推片的边缘置于菌液前方，然后稍向右拉，使其与菌液接触，等菌液沿推片接触边缘散开，然后以30℃倾角迅速而均匀地将菌液拉向载玻片的右端，使菌液铺成一薄膜（方法同图2-14）。

(3) 干燥　将涂片放在空气中自然晾干（不可用火焰烘干）。

(4) 固定　滴加甲醇在涂片上，固定1min，然后立即倾去甲醇。

(5) 干燥　在酒精灯上方较高处用文火烘干（注意不可使玻片发热）。

(6) 染色　用结晶紫染色液染色1~2min。

(7) 水洗　用自来水轻轻冲洗。

(8) 干燥　在空气中自然晾干。

(9) 镜检　先用低倍镜和高倍镜观察，将典型部位移至视野中央，再用油镜观察。背景灰色，菌体紫色，菌体周围一清晰的透明圈即荚膜。

（五）思考题

1. 比较各种荚膜染色法的优缺点。
2. 涂片是否可用热固定？为什么？

第四节　细菌芽孢染色法

（一）实验目的与要求

1. 掌握细菌芽孢染色的原理。
2. 掌握细菌的芽孢染色法。

（二）实验原理

芽孢是某些细菌的特殊结构。某些细菌在其生长发育后期，会在细胞内形成一个圆形或椭圆形的、厚壁、含水量低、抗逆性强的休眠结构，此为芽孢。研究细菌的芽孢有着重要的理论和实践意义。芽孢的有无、形状、大小及其在菌体内的位置是细菌分类和鉴定的重要依据（图 2-15）。在实践上，芽孢的存在有利于提高菌种的筛选效率，有利于菌种的长期保藏，有利于对高温灭菌和某些化学药剂消毒效果的优劣进行判断。

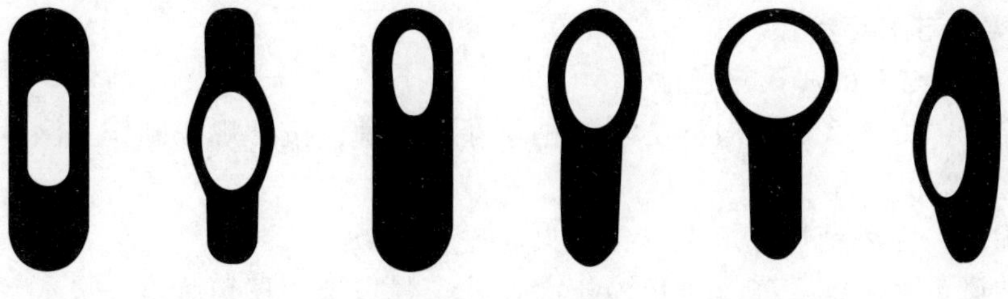

图 2-15　芽孢在细胞内的位置与形状示意图

在一般实验室中通常采用芽孢染色法来观察其形态。但是，由于细菌的芽孢壁厚而致密（图 2-16），对染料的渗透性差，不容易着色，如果采用简单染色法只能使菌体着色而芽孢不能着色（显微镜下观察呈无色透明状）。但芽孢不易着色是相对的，如果使用着色力强的染料，在加热的情况下芽孢也会着色，而且芽孢一旦着色便难以脱色。芽孢染色法就是根据芽孢既难以染色而一旦着色后又难以脱色这一特点设计的。根据芽孢和菌体对染料亲和力的差异，先用一种弱碱性染料——孔雀绿染色液，在加热条件下使菌体和芽孢均着色，然后用水冲洗，菌体中的孔雀绿易被洗掉，而芽孢中的孔雀绿难以渗出，故仍保留原来的绿色，最后用沙黄染色液复染。在显微镜下观察菌体被染成红色，芽孢则呈绿色。

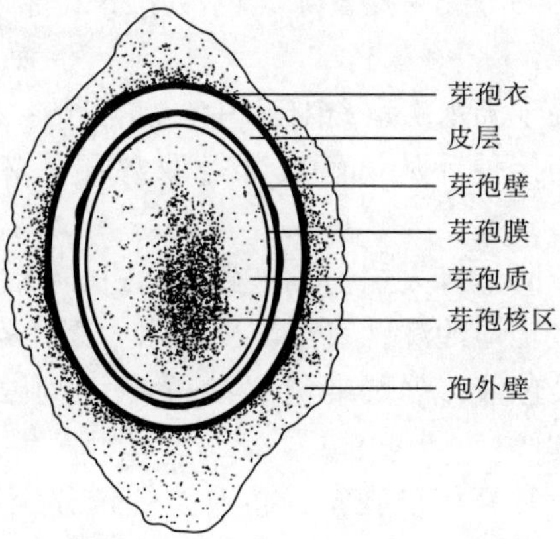

图 2-16　细菌芽孢的结构模式图

（三）实验材料

1. 菌种

枯草芽孢杆菌（*Bacillus subtilis*）。

2. 染色剂

5%孔雀绿染色液、0.5%沙黄染色液。

3. 仪器及其他用品

显微镜（有油镜）、接种环、酒精灯、打火机、竹夹、载玻片、盖玻片、小试管（75mm×10mm）、烧杯（300mL）、滴管、洗瓶、夹子、擦镜纸、吸水纸、无菌水、香柏油、二甲苯。

（四）实验方法与步骤

1. Schaeffer 与 Fulton 氏染色法

（1）涂片　取 37℃培养 18～24h 的枯草芽孢杆菌，按常规法制作一涂片（参见“细菌简单染色法”）。

（2）固定　在酒精灯火焰上方，微火通过 4～5 次。

（3）加染色液　加孔雀绿染色液于涂片处（量以覆盖菌斑为度）。

（4）加热着色　用竹夹夹住载玻片，在火焰上方用微火加热，自载玻片上染料出现蒸汽（但不沸腾）时开始计时，维持 4～5min。加热过程中切勿使染料蒸干，必要时可添加少许染液。

（5）水洗　倾去染色液，待玻片冷却后，用自来水轻轻地冲洗，直至流出的水中无孔雀绿的颜色为止。

（6）复染　加沙黄染色液（量以覆盖菌斑为度），静置染色 1～2min。

（7）水洗　自来水轻轻地冲洗，吸水纸吸干。

（8）镜检　先用低倍镜和高倍镜观察，将典型部位移至视野中央，再用油镜观察。芽孢呈绿色，菌体呈红色。

2. 改良的 Schaeffer 与 Fulton 氏染色法

（1）制备菌液　加 1～2 滴自来水于小试管中，用灼烧过的接种环从菌种斜面上挑取 2～3 环培养了 18～24h 的枯草芽孢杆菌菌苔于试管中，充分混匀打散，制成浓稠的菌液。

（2）加染色液　滴加 2～3 滴 5%孔雀绿染色液于小试管中，用接种环搅拌使染色液与菌液充分混合。

（3）加热　将小试管浸于沸水浴（烧杯）中，加热 15～20min。

（4）涂片　用灼烧过的接种环从试管底部挑取数环菌液于洁净的玻片上，并涂成薄膜。

（5）固定　将涂片置于酒精灯火焰上方，微火通过 4～5 次。

（6）脱色　用自来水轻轻地冲洗，直至流出的水中无孔雀绿的颜色为止。

（7）复染　滴加沙黄染色液，静置染色 2～3min 后，倾去染色液，不用水洗，直接用吸水纸吸干。

（8）镜检　先用低倍镜和高倍镜观察，将典型部位移至视野中央，再用油镜观察。芽孢呈绿色，菌体呈红色。

（五）思考题

1. 芽孢染色时为什么需要加热？为什么芽孢和菌体能染成不同的颜色？

2. 用一般染色法能否观察到芽孢？

3. 镜检芽孢染色涂片时，为什么有时会出现游离的芽孢？

第五节　细菌鞭毛染色法

（一）实验目的与要求

1. 掌握细菌鞭毛染色的原理。
2. 掌握细菌的鞭毛染色法。

（二）实验原理

鞭毛是某些细菌的特殊结构。在各类细菌中，球菌一般无鞭毛；弧菌、螺菌类普遍着生鞭毛；有些杆菌有鞭毛。鞭毛是细菌的运动“器官”。鞭毛的有无及其着生的位置，对细菌的分类和鉴定具有重要意义，因此细菌鞭毛的染色制片技术是微生物学的重要实验技术。

由于鞭毛极为纤细（一般直径只有 0.01~0.02μm），所以通常只有在电子显微镜下才能观察到，然而，电子显微镜不是一般实验室常备的仪器。但是，若采用特殊的染色方法，则在普通光学显微镜下也能看到鞭毛。鞭毛染色方法很多，但基本原理相同：借助媒染剂和染色剂的沉淀作用，在染色前先经媒染剂处理，让它沉积在鞭毛上，使鞭毛直径加粗，然后再进行染色。常用的媒染剂由鞣酸和氯化铁或钾明矾等配制而成。染色剂有硝酸银、碱性复红和结晶紫等。以下介绍银染色法。

（三）实验材料

1. 菌种

枯草芽孢杆菌（*Bacillus subtilis*）或普通变形杆菌（*Proteus vulgaris*）。

2. 染色剂

硝酸银染色液（A 液和 B 液，现用现配）。

3. 仪器及其他用品

恒温箱、显微镜（有油镜）、接种环、酒精灯、打火机、竹夹、载玻片、试管、滴管、擦镜纸、吸水纸、香柏油、二甲苯、洗衣粉、牛肉膏蛋白胨培养基斜面、无菌水、蒸馏水、95%乙醇。

（四）实验方法与步骤

1. 菌种活化

菌龄较老的细菌，其鞭毛容易脱落，所以菌体在染色前需充分活化。将保藏的枯草芽孢杆菌在新配制的牛肉膏蛋白胨斜面培养基上连续移接 2~3 代，每次于 30℃恒温箱中培养 10~12h。染色前的最后一代菌种接种到新制备的有少量冷凝水的琼脂斜面试管底部或半固体培养基平板上，30℃培养 10~12h，备用。

2. 配制染色液

A 液：鞣酸 5g，$FeCl_3$ 1.5g，蒸馏水 100mL。待溶解后，加 1% NaOH 溶液 1mL 和 15%甲醛溶液 2mL。

B 液：硝酸银 2g，蒸馏水 100mL。

待硝酸银溶解后，取出 10mL 做回滴用。向 90mL B 液中滴加浓氢氧化铵溶液，当出现大量沉淀时再继续加氢氧化铵，直到溶液中沉淀刚刚消失变澄清为止。然后用保留的 10mL B 液小心地逐滴加入，直至出现轻微和稳定的薄雾为止（此操作非常关键，应格外小心）。在整个滴加过程中，要边滴加边充分摇荡。配好的染色液当日有效，4h 内效果最好。

3. 清洗玻片

选择光滑无划痕的载玻片（新的最好），放入洗衣粉过滤液中（洗衣粉水煮沸后用滤纸过滤，以除去粗颗粒），煮沸 20min。取出稍冷后用自来水充分洗净，沥干后放入 95%乙醇中脱水。酒精灯上过火去乙醇后立即使用。

4. 菌液制备

按照无菌操作要求，用接种环轻轻挑取斜面底部培养基与冷凝水交界处的菌苔，或挑取半固体培养基平板上菌苔边缘的菌体，小心移入装有与菌种同温的无菌水（1~2mL）的试管中，不要搅动。将该试管置于 30℃恒温箱中静置 10min（放置时间不宜过长，否则鞭毛会脱落），让老菌体和杂质沉降，让有活动能力的菌体游入水中，鞭毛松散开，菌液呈轻度浑浊。

5. 涂片

按照无菌操作要求，用接种环挑取上述菌悬液数环，置于载玻片的一端。立即将载玻片稍倾斜，使菌液缓慢地流向另一端，在载玻片表面形成菌液带，然后平放。涂片在空气中自然干燥。

或者不进行上述步骤 4 中的菌液制备，按照无菌操作要求，在载玻片一端滴一滴无菌水，直接用接种环蘸取琼脂斜面底部的菌悬液，在无菌水中轻蘸两下，稍稍倾斜载玻片，使菌液缓慢地流向另一端，在载玻片表面形成菌液带，然后平放。涂片在空气中自然干燥。

6. 鞭毛染色

（1）涂片干燥后滴加 A 液，染色 4~6min。

（2）用蒸馏水彻底冲去 A 液（不要先倾去染液再水洗，以免污染背景不易观察），使背景清晰。

（3）将残留的水沥干或用 B 液冲去残水。

（4）滴加 B 液于涂片上，用竹夹夹住玻片，在酒精灯上方用微火加热至冒蒸汽且不干，维持 0.5~1min。再用蒸馏水冲洗，自然干燥。

7. 镜检

先用低倍镜和高倍镜观察，将典型部位移至视野中央，再用油镜观察。镜检时宜从边缘开始逐渐向中间镜检，因为边缘处菌量少，易观察到鞭毛，中心处菌易重叠，不易观察。鞭毛和菌体均呈深褐色至黑色。

（五）思考题

1. 在染色前为什么必须将菌种连续传接几代？其目的是什么？
2. 在细菌的鞭毛染色时，为什么要采用幼龄菌种？
3. 根据你的实验体会，影响鞭毛染色效果的因素有哪些？应采取哪些相应措施？

第六节　放线菌形态及菌落特征观察

放线菌是原核生物，由菌丝构成菌丝体，无性繁殖是由营养菌丝分化形成产孢菌丝，然后产生无性孢子，在固体培养基表面形成与细菌不同的菌落特征。放线菌菌丝相互交错缠绕形成质地致密的小菌落，干燥、不透明、难以挑取，当大量孢子覆盖于菌落表面时，就形成表面为粉末状或颗粒状的典型放线菌菌落，由于基内菌丝和孢子常有颜色，使得菌落的正反面呈现出不同的色泽。

放线菌的菌丝很细，宽度通常不超过 1.2μm，需要在显微镜下才能观测。利用显微镜对放线菌细胞形态、结构、大小和排列进行观察时，首先要将其置于载玻片上制片，再利用染料和适宜的染色技术对微生物进行染色，使着色细胞的结构与背景形成鲜明对比，以便更清晰地观察放线菌的形态及结构特征。

放线菌菌丝体由基内菌丝、气生菌丝和孢子丝组成，制片时不采取涂片法，以免破坏细胞及菌丝体形态。通常采用插片法或玻璃纸法并结合菌丝体简单染色进行观察。在插片法中将灭菌盖玻片插入接种有放线菌的平板，使放线菌沿盖玻片和培养基交接处生长而附着在盖玻片上，取出盖玻片可直接在显微镜下观察放线菌在自然生长状态下的形态特征，而且有利于对不同生长时期的放线菌形态进行观察。在玻璃纸法中，采用的玻璃纸是一种透明的半透膜，将放线菌菌种接种在覆盖在固体培养基表面的玻璃纸上，水分及小分子营养物质可透过玻璃纸被菌体吸收利用，而菌丝不能穿过玻璃纸而与培养基分离，观察时只要揭下玻璃纸转移到载玻片即可镜检观察。由于孢子丝形态、孢子排列及形状是放线菌重要的分类学指标，可采用印片法将放线菌菌落或菌苔表面的孢子丝印在载玻片上，经简单染色后观察。

（一）实验目的

1. 学习并掌握放线菌的制片及简单染色的基本技术。
2. 熟悉放线菌的形态结构特征。
3. 巩固显微镜操作与使用技术。

（二）实验器材

1. 菌种

球孢链霉菌，经活化后接种到高氏 I 号培养基平板上，28~30℃培养 3~5d 后使用。

和华美链霉菌，经活化后接种到高氏 I 号培养基平板上，28~30℃培养 3~5d 后使用。

2. 溶液和试剂

草酸铵结晶紫染液、齐氏石炭酸复红染液、吕氏碱性美蓝染液。

3. 仪器和其他用品

酒精灯、载玻片、盖玻片、显微镜、香柏油、二甲苯、擦镜纸、接种环、镊子、载玻片夹子、载玻片支架、玻璃纸、平皿、U 形玻棒、滴管、高氏 I 号培养基平板。

（三）实验内容

1. 放线菌菌落特征观察

（1）制备高氏Ⅰ号培养基平板　配制高氏Ⅰ号固体培养基，高压灭菌冷却至50℃后，倒入灭菌过的培养皿，每个培养皿约15mL。将培养皿平放，静置冷却后备用。

（2）接种　用接种环蘸取活化好的菌种培养液，在固体平板上划线接种。

（3）恒温培养　将接种过的麦芽汁琼脂平板倒置，28℃恒温培养2~3d。

（4）菌落特征　观察平板上长出的酵母菌单菌落。

2. 放线菌制片及简单染色

（1）插片法

①接种：无菌操作条件下，分别从球孢链霉菌和华美链霉菌的高氏Ⅰ号培养基平板上的培养物挑取菌种，然后在高氏Ⅰ号培养基的固体平板上密集划线接种。

②插片：用镊子取灭菌盖玻片以约45°角插入平板琼脂接种线上，注意无菌操作。

③培养：将平板倒置，28℃培养箱中培养5d。

④镜检：用镊子小心取出盖玻片，用纸擦去背面培养物，有菌面朝上放在载玻片上，通过显微镜直接用低倍镜和高倍镜镜检观察（在盖玻片菌体附着部位滴加0.1%吕氏碱性美蓝或草酸铵结晶紫染液染色后观察效果更好）。

（2）玻璃纸法

①铺玻璃纸：无菌操作用镊子将已灭菌（155~160℃干热灭菌2h）的玻璃纸片（盖玻片大小）平铺在高氏Ⅰ号培养基平板表面，用接种铲或无菌玻璃涂棒将玻璃纸压平并去除气泡，每个平板可铺约10块玻璃纸。

②接种：无菌操作条件下，分别从球孢链霉菌和华美链霉菌的高氏Ⅰ号培养基平板上的培养物挑取菌种在玻璃纸上划线接种。

③培养：将平板倒置，28℃培养3~5d。

④镜检：在载玻片中央滴一小滴水，用镊子从平板上取下玻璃纸片，菌面朝上放在水滴上，使其紧贴在载玻片上，勿留气泡，直接用显微镜的低倍镜和高倍镜镜检。

（3）印片法

①印片：用解剖针分别从球孢链霉菌和华美链霉菌的高氏Ⅰ号培养基平板培养物上划一小块菌苔置于载玻片上，菌面朝上，用另一载玻片轻轻在菌苔表面按压，使孢子丝及气生菌丝附着在载玻片上。

②固定：将有印迹一面朝上，通过火焰2~3次固定。

③染色：用石炭酸复红染色1min，水洗，晾干。

④镜检：用油镜观察孢子丝形态特征。

（四）注意事项

（1）加热固定时要使用载玻片夹子，以免烫伤。不要将载玻片在火焰上烤烧时间过长，以免载玻片破裂。

（2）使用染料时注意避免沾到衣物上。

（3）在玻璃纸灭菌时，若直接将干燥的玻璃纸灭菌，它会缩小，发皱，不便使用。故需做如下处理：将玻璃纸和滤纸剪成培养皿大小的圆形纸片，用水浸泡后把湿滤纸和玻璃纸交互重叠地放在培养皿中，借滤纸将玻璃纸隔开。然后进行湿热灭菌，备用。

(4) 进行放线菌和霉菌制片时减少空气流动，避免吸入孢子。

(5) 在插片法和玻璃纸法操作过程中，注意在移动附着有菌体的盖玻片或玻璃纸时勿碰动菌丝体，必须菌面朝上，以免破坏菌丝体形态。

(6) 在印片过程中，用力要轻，且不要错动，染色水洗时水流要缓，以免破坏孢子丝形态。

（五）思考题

1. 在高倍镜或油镜下如何区分放线菌的基内菌丝和气生菌丝?

2. 玻璃纸培养和观察法是否还可用于其他类型微生物的培养和观察？为什么？请绘图说明你观察到的放线菌的主要形态特征。

第七节　酵母菌形态及其菌落特征观察

酵母菌个体是常见细菌的几倍甚至几十倍，大多数采取出芽方式进行无性繁殖，也可以通过接合产生子囊孢子进行有性繁殖。由于细胞个体大，采取涂片的方法制片有可能损伤细胞，一般通过美蓝染液水浸片法或水-碘液浸片法来观察酵母菌形态及出芽生殖方式。同时，采用美蓝染液水浸片法还可以对酵母菌的死细胞、活细胞进行鉴别。美蓝对细胞无毒，其氧化型呈蓝色，还原型无色。由于新陈代谢，活细胞内有较强还原能力，使美蓝由蓝色氧化型转变成无色的还原型，染色后活细胞呈无色。死细胞或代谢能力微弱的衰老细胞胞内还原能力弱，染色后细胞呈蓝色或淡蓝色。

（一）实验目的

学习并了解酵母菌的形态特征，掌握微生物的制片及简单染色的基本技术。

（二）实验器材

1. 菌种

啤酒酵母的麦芽汁斜面培养物（28℃培养 2d）。酿酒酵母可以以出芽方式进行无性繁殖，通过本实验可以观察到进行出芽生殖的酵母菌形态特征。

2. 溶液和试剂

香柏油、二甲苯、生理盐水和凡士林等。

3. 仪器和其他用品

普通光学显微镜、盖玻片、擦镜纸、软布、接种环、酒精灯、毛细滴管、玻璃小漏斗、小玻璃珠、试管、脱脂棉和三角烧瓶等。

（三）实验内容

1. 酵母菌菌落特征观察

①制备麦芽汁琼脂培养基平板。

②接种：用接种环取活化好的菌液在制备的麦芽汁琼脂培养基平板上划线接种。

③恒温培养：将接种过的麦芽汁琼脂平板倒置，于 28℃恒温培养 2~3d。

④菌落特征：观察平板上长出的酵母菌单菌落。

2. 酵母菌制片及简单染色

（1）水浸片法

①滴加一滴0.1%吕氏碱性美蓝染液于载玻片中央，用接种环在无菌操作下从酿酒酵母麦芽汁斜面培养物挑取少许菌体置于染液中，混合均匀。

②用镊子取一块盖玻片，将盖玻片一边与菌液接触，缓慢将盖玻片倾斜并覆盖在菌液上。

③将制片放置3min后，用低倍镜及高倍镜观察酵母菌形态和出芽情况，并根据细胞颜色区分死细胞与活细胞。

④染色30min后再次观察，注意死细胞与活细胞比例是否发生变化。

⑤用0.05%吕氏碱性美蓝染液作为对照同时进行上述实验。

（2）水-碘液浸片法

将革兰氏染色用碘液用水稀释4倍后，滴加一滴于载玻片中央，无菌操作取少许菌体置于染液中混匀，盖上盖玻片后镜检。

（四）注意事项

（1）使用酒精灯时注意不要被火焰灼伤或烧到衣物。

（2）接种过微生物培养物的接种环在放回实验台前应记得再次在火焰上灼烧灭菌，以免造成实验台污染。

（3）用接种环将菌体与染液混合时不要剧烈涂抹，以免破坏细胞。

（4）滴加染液要适中，否则用盖玻片覆盖时，染液过多会溢出，过少会产生大量气泡。

（5）盖玻片要缓慢倾斜覆盖，以免产生气泡。

（五）思考题

1. 根据你的观察结果，吕氏碱性美蓝染液浓度及作用时间与酿酒酵母死细胞、活细胞比例变化是否有关系？试分析原因。

2. 某单位希望检测一种干酵母粉中的活菌存活率，请设计1~2种可行的检测方法。

3. 酿酒酵母除了通过出芽方式进行无性繁殖外，还可以形成子囊孢子进行有性繁殖，你在实验中是否观察到酿酒酵母的子囊孢子？若未观察到，试分析原因（提示：子囊孢子的形成与培养条件有关）。

第八节　霉菌形态及菌落特征观察

霉菌菌丝体由基内菌丝、气生菌丝和繁殖菌丝组成，其菌丝比细菌及放线菌粗几倍到几十倍。可以采取直接制片和透明胶带法观察，也可以采取载玻片培养观察法，即：通过无菌操作将薄层培养基琼脂置于载玻片上，接种后盖上盖玻片培养，使菌丝体在盖玻片和载玻片之间的培养基中生长，将培养物直接置于显微镜下可观察到霉菌自然生长状态并可连续观察不同发育期的菌体结构特征变化。对霉菌可利用乳酸石炭酸棉蓝染液进行染色，盖上盖玻片后制成霉菌制片镜检。石炭酸可以杀死菌体及孢子并可以防腐，乳酸可以保持菌体不变形，棉蓝使菌体着色。同时，这种霉菌制片不易干燥，能防止孢子飞散，用树胶封固后可制成永久标本长期保存。

（一）实验目的

学习并了解霉菌的形态特征，掌握微生物的制片及简单染色的基本技术。

（二）实验器材

1. 菌种

黑曲霉 48h 马铃薯琼脂平板培养物、黑根霉 48h 马铃薯琼脂平板培养物、青霉 48h 马铃薯琼脂平板培养物。

2. 溶液和试剂

草酸铵结晶紫染液、齐氏石炭酸复红染液、革兰氏染色用碘液、乳酸石炭酸棉蓝染液。

3. 仪器和其他用品

酒精灯、载玻片、盖玻片、显微镜、香柏油、二甲苯、擦镜纸、接种环、镊子、载玻片夹子、载玻片支架、玻璃纸、平皿、U 形玻棒、滴管、马铃薯琼脂薄层平板等。

（三）实验内容

1. 霉菌菌落特征观察

①制备察氏培养基平板。

②接种：用接种环取活化好的霉菌菌液在平板上进行三点接种，或制备霉菌菌种的孢子悬液，梯度稀释后，吸取 100μL 均匀涂布于固体平板表面。

③恒温培养：将接种过的琼脂平板倒置，于 28℃恒温培养 2~3d。

④菌落特征：观察平板上长出的霉菌单菌落。

2. 霉菌制片及简单染色

（1）直接制片观察法　滴一滴乳酸石炭酸棉蓝染液于载玻片上，用镊子从黑曲霉或黑根霉马铃薯琼脂平板培养物中取菌丝，先放入 50%乙醇中浸一下洗去脱落的孢子，然后置于染液中，用解剖针小心将菌丝分开，去掉培养基，盖上盖玻片，用低倍镜和高倍镜镜检。

（2）透明胶带法

①滴一滴乳酸石炭酸棉蓝染液于载玻片上。

②用食指（或中指）与拇指黏在一段透明胶带两端，使透明胶带呈 U 形，胶面朝下。

③将透明胶带胶面轻轻触及黑曲霉或黑根霉菌落表面。

④将黏在透明胶带上的菌体浸入载玻片上的乳酸石炭酸棉蓝染液中，并将透明胶带两端固定在载玻片两端，用低倍镜和高倍镜镜检。

（3）载玻片培养观察法

①培养小室准备及灭菌：在平皿皿底铺一张略小于皿底的圆滤纸片，在其上面放一个 U 形玻棒，在 U 形玻棒上放一块载玻片和两块盖玻片，盖上皿盖，于 121℃ 灭菌 30min，烘干备用。

②琼脂块制备：通过无菌操作，用解剖刀由马铃薯琼脂薄层平板上切下 $1cm^2$ 左右的琼脂块，将其移至培养小室的载玻片上，每片两块。

③接种：通过无菌操作，用接种针从黑曲霉或黑根霉马铃薯琼脂平板培养物中挑取少量孢子，接种于培养小室中琼脂块边缘上，将盖玻片覆盖在琼脂块上。

④培养：通过无菌操作，在培养小室中圆滤纸片上加 3～5mL 灭菌的 20%甘油（用于保持湿度），盖上皿盖，于 28℃培养。

⑤镜检：根据需要于不同时间取出载玻片用低倍镜和高倍镜镜检。

（四）注意事项

（1）在直接制片观察法中，用镊子取菌和用解剖针分散菌丝时要细心，尽量减少菌丝断裂及形态被破坏，盖盖玻片时避免气泡产生。

（2）在载玻片培养观察中，注意无菌操作，接种量要少并尽可能将分散孢子接种在琼脂块边缘，避免培养后菌丝过于密集影响观察。

（3）用接种环将菌体与染液混合时不要剧烈涂抹，以免破坏细胞。

（4）滴加染液要适中，否则用盖玻片覆盖时，染液过多会溢出，过少会产生大量气泡。

（5）盖玻片要缓慢倾斜覆盖，以免产生气泡。

（五）思考题

1. 在进行微生物制片时是否都需要进行涂片？为什么？

2. 进行简单染色的目的及原理是什么？进行微生物制片时是否都需要进行染色？为什么？

3. 镜检时如何区分放线菌的基内菌丝、气生菌丝及孢子丝？

4. 球孢链霉菌的孢子丝有何特征？某同学在印片法观察孢子丝时，镜检发现孢子分散，未发现完整的孢子丝，试分析原因并给出改进方法。

5. 黑曲霉和黑根霉在形态特征上有何区别？

6. 如果教师要求你对某放线菌或霉菌不同发育期（基内菌丝→气生菌丝→孢子丝或繁殖菌丝）进行连续观察，请给出你的实验方案。

第九节　培养基配制与灭菌

正确掌握培养基的配制方法是从事微生物学实验工作的重要基础。由于微生物种类及代谢类型的多样性，因而用于培养微生物的培养基的种类也很多，它们的配方及配制方法虽各有差异，但一般培养基的配制程序却大致相同。例如，器皿的准备、培养基的配制与分装、棉塞的制作、培养基的灭菌、斜面与平板的制作以及培养基的无菌检查等基本环节大致相同。

（一）实验目的

1. 掌握常用细菌培养基的配制方法。

2. 掌握高压蒸汽灭菌的操作方法。

（二）实验器材

1. 药品

待配各种培养基的组成成分、琼脂、1mol/L 的 NaOH 和 HCl 溶液。

2. 仪器及玻璃器皿

天平、高压蒸汽灭菌锅、移液管、试管、烧杯、量筒、三角瓶、培养皿等。

3. 其他物品

药匙、称量纸、pH 试纸、记号笔、棉花等。

（三）实验内容

1. 玻璃器皿的洗涤

玻璃器皿在使用前必须洗刷干净。将三角瓶、试管、培养皿、量筒等浸入含有洗涤剂的水中，用毛刷刷洗，然后用自来水及蒸馏水冲净。移液管先用含有洗涤剂的水浸泡，再用自来水及蒸馏水冲洗。洗刷干净的玻璃器皿置于烘箱中烘干后备用。

2. 培养基的配制

（1）液体培养基配制

①称量：一般可用 0.01g 天平称量配制培养基所需的各种药品，先按培养基配方计算出各成分的用量，然后进行准确称量。

②溶解：将称好的药品置于一烧杯中，先加入少量水（根据实验需要可用自来水或蒸馏水），用玻璃棒搅动，加热溶解。

③定容：待全部药品溶解后，倒入一量筒中，加水至所需体积。如某种药品用量太少时，可预先配成较浓溶液，然后按比例吸取一定体积溶液，加入培养基中。

④调 pH：一般用 pH 试纸测定培养基的 pH。用剪刀剪出一小段 pH 试纸，然后用镊子夹取此段 pH 试纸，在培养基中蘸一下，观看其 pH 范围，如培养基偏酸或偏碱时，可用 1mol/L NaOH 或 1mol/L HCl 溶液进行调节。调节 pH 时，应逐滴加入 NaOH 或 HCl 溶液，防止局部过酸或过碱，破坏培养基中成分。边加边搅拌，并不时用 pH 试纸测试，直至达到所需 pH 为止。

⑤过滤：用滤纸或多层纱布过滤培养基。一般无特殊要求时，此步可省去。

（2）固体培养基的配制　配制固体培养基时，应将已配好的液体培养基加热煮沸，再将称好的琼脂（1.5%~2%）加入，并用玻棒不断搅拌，以免糊底烧焦。继续加热至琼脂全部融化，最后补足因蒸发而失去水分。

3. 培养基的分装

根据不同需要，可将已配好培养基分装入试管或三角瓶内，分装时注意不要使培养基沾污管口或瓶口，造成污染。如操作不小心，培养基沾污管口或瓶口时，可用镊子夹一小块脱脂棉，擦去管口或瓶口的培养基，并将脱脂棉弃去。

（1）试管的分装　取一个玻璃漏斗，装在铁架上，漏斗下连一根橡皮管，橡皮管下端再与另一玻璃管相接，橡皮管的中部加一弹簧夹。分装时，用左手拿住空试管中部，并将漏斗下的玻璃管嘴插入试管内，以右手拇指及食指开放弹簧夹，中指及无名指夹住玻璃管嘴，使培养基直接流入试管内。装入试管培养基的量视试管大小及需要而定，若所用试管大小为 15mm×150mm 时，液体培养基可分装至试管高度 1/4 左右；如分装固体或半固体培养基时，在琼脂完全融化后，应趁热分装于试管中。用于制作斜面的固体培养基的分装量为管高 1/5（3~4mL），半固体培养基分装量为管高的 1/3 为宜。

（2）三角瓶的分装　用于振荡培养微生物时，可在 250mL 三角瓶中加入 50mL 的液体培养基；若用于制作平板培养基用时，可在 250mL 三角瓶中加入 150mL 培养基，然后再加入 3g 琼脂粉（按 2%计算），灭菌时瓶中琼脂粉同时被融化。

4. 棉塞的制作及试管、三角瓶的包扎

为了培养好气性微生物，需提供优良通气条件，同时为防止杂菌污染，则必须对通入试管或三角瓶内空气预先进行过滤除菌。通常方法是在试管及三角瓶口加上棉花塞等。

（1）试管棉塞的制作　制棉塞时，应选用大小、厚薄适中的普通棉花一块，铺展于左手拇指和食指抠成的团孔上，用右手食指将棉花从中央压入团孔中制成棉塞，然后直接压入试管或三角瓶口，也可借用玻璃棒塞入，也可用折叠卷塞法制作棉塞。

制作的棉塞应紧贴管壁，不留缝隙，以防外界微生物沿缝隙侵入，棉塞不宜过紧或过松，塞好后以手提棉塞，试管不下落为准。棉塞的 2/3 在试管内，1/3 在试管外。目前也有采用硅胶塞代替棉塞直接盖在试管口上。

将装好培养基并塞好棉塞或硅胶塞的试管捆成一捆，外面包上一层牛皮纸。用记号笔注明培养基的名称及配制日期，灭菌待用。

（2）三角瓶棉塞制作　通常在棉塞外包上一层纱布，再塞在瓶口上。有时为了进行液体振荡培养加大通气量，则可用 8 层纱布代替棉塞包在瓶口上，目前也有采用硅胶塞直接盖在瓶口上。

在装好培养基并塞好棉塞或包扎八层纱布或盖好硅胶塞的三角瓶口上，再包上一层牛皮纸并用线绳捆好，灭菌待用。

5. 培养基的灭菌

培养基经分装包扎后，应立即按配制方法规定的灭菌条件进行高压蒸汽灭菌。

6. 斜面和平板的制作

（1）斜面的制作　将已灭菌装有琼脂培养基的试管，趁热置于木棒或玻棒上，使成适当斜度，凝固后即成斜面。斜面长度不超过试管长度 1/2 为宜。如制作半固体或固体深层培养基时，灭菌后则应垂直放置至凝固。

（2）平板的制作　将装在三角瓶或试管中已灭菌的琼脂培养基融化后，待冷至 50℃左右倾入无菌培养皿中。温度过高时，皿盖上的冷凝水太多；温度低于 50℃，培养基易于凝固而无法制作平板。

平板的制作应在酒精灯火焰旁进行，左手拿培养皿，右手拿三角瓶的底部或试管，左手同时用小指和手掌将棉塞打开，灼烧瓶口，用左手大拇指将培养皿盖打开一缝，至瓶口正好伸入，倾入 10~15mL 培养基，迅速盖好皿盖，置于桌上，轻轻旋转平皿，使培养基均匀分布于整个平皿中，冷凝后即成平板。

7. 培养基的灭菌检查

灭菌后的培养基，一般需进行无菌检查。最好取出 1~2 管（瓶），置于 37℃温箱中培养 1~2d，确定无菌后方可使用。

（四）注意事项

（1）加水　首先将内层锅取出，再向外层锅内加入适量的水，使水面没过加热蛇管，与三角搁架相平为宜。切勿忘记检查水位，加水量过少，灭菌锅会发生烧干引起炸裂事故。

（2）装料　放回内层锅，并装入待灭菌的物品。注意不要装得太挤，以免妨碍蒸汽流通而影响灭菌效果。装有培养基的容器放置时要防止液体溢出，三角瓶与试管口端均不要与桶壁接触，以免冷凝水淋湿包扎的纸而透入棉塞。

（3）加盖　将盖上与排气孔相连的排气软管插入内层锅的排气槽内，摆正锅盖，对齐螺口，然后以对称方式同时旋紧相对的两个螺栓，使螺栓松紧一致，勿使漏气，并打开排气阀。

（4）排气　打开电源加热灭菌锅，将水煮沸，使锅内的冷空气和水蒸气一起从排气孔中排出。一般认为当排出的气流很强并有嘘声时，表明锅内的空气已排尽，沸腾后约需 5min。

（5）升压　冷空气完全排尽后，关闭排气阀，继续加热，锅内压力开始上升。

（6）保压　当压力表指针达到所需压力时，控制电源，开始计时并维持压力至所需的时间。如本实验中可采用 0.1MPa，121.5℃，灭菌 20min。灭菌的主要因素是温度而不是压力，因此锅内的冷空气必须完全排尽后，才能关闭排气阀，维持所需压力。

（7）降压　达到灭菌所需的时间后，切断电源，让灭菌锅温度自然下降，当压力表的压力降至“0”后，方可打开排气阀，排尽余下的蒸汽，旋松螺栓，打开锅盖，取出灭菌物品，倒掉锅内剩水。压力一定要降到“0”后，才能打开排气阀，开盖取物。否则就会因锅内压力突然下降，使容器内的培养基或试剂由于内外压力不平衡而冲出容器口，造成瓶口被污染，甚至灼伤操作者。

（8）无菌检查　将已灭菌的培养基放入 37℃恒温培养箱培养 24h，检查无杂菌生长后，即可使用。

（五）思考题

1. 为什么微生物实验室所用的三角瓶口或试管口都要塞上棉塞才能使用？
2. 配制培养基时为什么要调节 pH？
3. 高压蒸汽灭菌为什么比干热灭菌要求温度低、时间短？

第十节　微生物细胞大小及数量直接测定法

微生物细胞的大小是微生物基本的形态特征，也是分类鉴定的依据之一。微生物细胞个体较小，需要在显微镜下借助于特殊的测量工具——测微尺来测定其大小。测微尺包括镜台测微尺和目镜测微尺。镜台测微尺是一张中央部分刻有精确等分线的载玻片，专门用于校定目镜测微尺每小格的相对长度。通常，刻度的总长是 1mm，被等分为 100 格，即每格 0.01mm（10μm）。镜台测微尺不直接用来测量细胞的大小。目镜测微尺是一块可以放入目镜的圆形小玻片，其中央有精确的等分刻度，有等分为 50 小格和 100 小格的两种。在测量时将目镜测微尺放在目镜的隔板上，即可来测量经显微镜放大后的细胞物象。也有专用的目镜，里面已经安放好了目镜测微尺。由于目镜测微尺所测量的是经显微镜放大后的细胞物象，因此，在不同的显微镜或不同的目镜和物镜组合放大倍数不同，目镜测微尺每一小格所代表的实际长度也不一样。所以，在用目镜测微尺测量微生物大小之前，必须先用镜台测微尺校定目镜测微尺，以确定该显微镜在特定放大倍数的目镜和物镜下，目镜测微尺每一小格所代表的实际长度，然后根据微生物细胞相当于的目镜测微尺格数，计算出微生物细胞的实际大小。

利用血细胞计数板在显微镜下直接计数，是一种常用的微生物计数方法。该方法是将菌悬液放在血细胞计数板与盖玻片之间容积一定的计数室中，在显微镜下进行计数，然后根据计数结果计算单位体积内的微生物总数目。血细胞计数板是一块特制的载玻片，其上由 4 条槽构成 3 个平台。中间较宽的平台又被一短横槽隔成两半，每一边的平台上各刻有一个方格网，每个方格网共分为 9 个大方格，中间的大方格即为计数室。血细胞计数板构造如图 2-17（1）所示。计数室的刻度一般有两种规格，一种是一个大方格分成 25 个中方格，而每个中方格又分成 16 个小方格；另一种是一个大方格分成 16 个中方格，而每个中方格又分成 25 个小方格，如图 2-17（2）所示。但无论是哪一种规格的计数板，每一个大方格中的小方格都是 400 个。每一个大方格边长为 1mm，则每一个大方格的面积为 $1mm^2$，盖上盖玻片后，盖玻片与载玻片之间的高度为 0. 1mm，所以计数室的容积为 0. $1mm^3$（10^{-4}mL）。

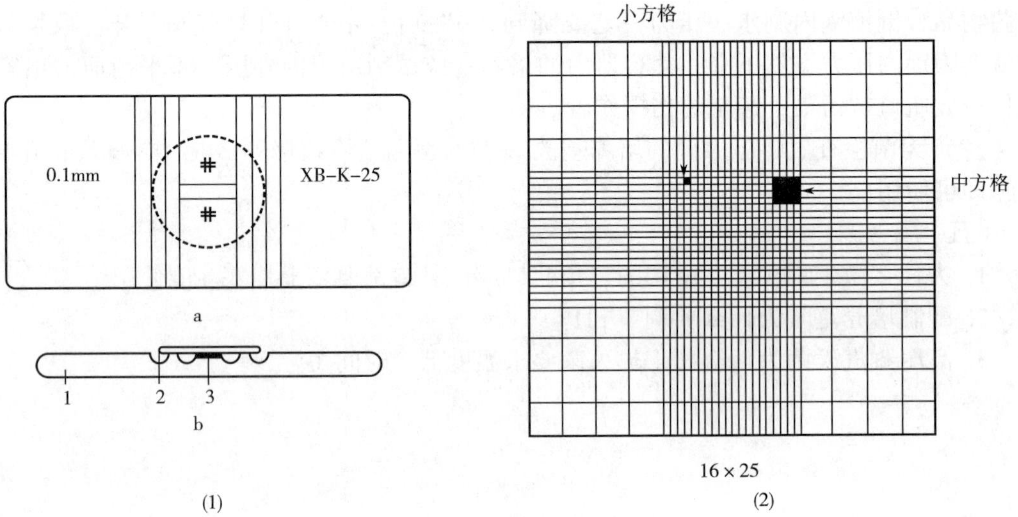

图 2-17　血细胞计数板构造示意图

（1）计数板正面和侧面结构示意图：a. 正面图　b. 纵切面图（1—血细胞计数板　2—盖玻片　3—计数室）
（2）计数板上的方格网，中间大方格为计数室

计数时，通常数 5 个中方格的总菌数，然后求得每个中方格的平均值，再乘上 25 或 16，就得出一个大方格中的总菌数，然后再换算成 1mL 菌液中的总菌数。以 25 个中方格的计数板为例，设 5 个中方格中的总菌数为 A，菌液稀释倍数为 B，则：1mL 菌液中的总菌数 $=A/5\times25\times10^4\times B$。

（一）实验目的

1. 了解测量微生物大小的原理。
2. 学习并掌握目镜测微尺的校正方法及微生物大小的直接测定方法，增强微生物细胞大小的感性认识。
3. 掌握血细胞计数板计数的原理。
4. 掌握利用血细胞计数板进行微生物计数的方法。

（二）实验器材

1. 菌种

啤酒酵母（*Saccharomyces cerevisiae*）菌悬液。

2. 仪器或其他用具

显微镜、目镜测微尺、镜台测微尺、载玻片、盖玻片。

3. 其他

显微镜、血球计数板、手动计数器、擦镜纸、吸水纸等。

（三）实验内容

1. 微生物细胞大小测定

（1）装目镜测微尺　取下显微镜的目镜，换上专用目镜。如果没有专用的目镜，则取下显微镜的目镜，旋下透镜，将目镜测微尺刻度朝下放在目镜的隔板上，再旋上目镜透镜，将装有测微尺的目镜装回镜筒。

（2）目镜测微尺的标定

①放镜台测微尺：将镜台测微尺刻度面朝上固定在显微镜的载物台上，注意不可放反。

②标定：将低倍镜转入光路，镜台测微尺有刻度的部分移至视野中央，调节焦距，当清晰地看到镜台测微尺的刻度后，转动目镜使目镜测微尺与镜台测微尺的刻度相平行。利用移动钮移动镜台测微尺，使两尺在某一区域内两线完全重合，然后分别数出两重合线之间镜台测微尺和目镜测微尺所占的格数（使目镜测微尺的一条刻度线与镜台测微尺的一条刻度线相重合，再寻另一重合线，分别数出其间镜台测微尺和目镜测微尺所占的格数）。

③用同样的方法，分别在高倍镜和油镜下对目镜测微尺进行标定（观察时光线不宜过强，否则难以找到镜台测微尺的刻度，换高倍镜和油镜标定时，务必十分细心，防止物镜压坏镜台测微尺和损坏镜头）。

④计算：已知镜台测微尺每格长 10μm，根据下列公式即可分别计算出在不同放大倍数下，目镜测微尺每格所代表的长度。

$$\text{目镜测微尺每格长度}(\mu m) = 10n/m$$

式中　n——两重合线间镜台测微尺格数；

m——两重合线间目镜测微尺格数。

（3）微生物细胞大小的测量　目镜测微尺标定完毕后，取下镜台测微尺，换上微生物标本片，将其固定在载物台上，先用低倍镜找到标本片图像，然后根据不同的微生物对象分别转换到高倍镜或油镜下，用目镜测微尺测量微生物细胞的直径或宽和长所占的格数，再依据所标定的高倍镜或油镜下每一格的实际长度计算细胞的实际大小。通常测定对数生长期菌体来代表该菌的大小，为了减小实验误差，应在同一标本片上测量 10~20 个细胞，取其平均值作为该菌的大小。

2. 微生物细胞浓度测定

①菌悬液的制备：以无菌生理盐水将酿酒酵母培养物制成浓度适当的菌悬液。

②加样品：将清洁干燥的血细胞计数板盖上盖玻片，再用无菌的毛细滴管将摇匀的

酵母菌悬液由盖玻片边缘滴一小滴，让菌液沿缝隙靠毛细作用自动进入计数室（注意取样前要摇匀菌液；加样时计数室不可有气泡产生）。

③找计数室：加样后静止 5min，然后将血细胞计数板置于显微镜载物台上，先用低倍镜找到计数室所在位置，然后换成高倍镜进行计数（注意调节显微镜光线强弱，使菌体和计数室线条清晰）。

④显微镜计数：取左上、右上、左下、右下和中央 5 个中方格进行计数。位于中方格边线上的菌体一般只计上边和右边线上的（或只计左边和下边线上的）。如遇到酵母出芽，芽体大小达到母细胞一半以上时，即作为两个菌体计数。计数一个样品要从上下两个计数室中得到的平均数值来计算样品的含菌量。

⑤清洗血细胞计数板：使用完毕后，将血细胞计数板在水龙头上用水冲洗干净，切勿用硬物洗刷，洗完后自行晾干或用吹风机吹干。镜检，观察计数室内是否有残留菌体或其他沉淀物。若不干净，则必须重复洗涤至干净为止。

（四）实验结果记录

将显微计数的结果记录于表 2-1 中，A 表示 5 个中方格中总菌数，B 表示菌液稀释倍数。

表 2-1　　显微计数结果

		各中格菌数					A	B	两室平均值	菌（孢子）数/mL
		1	2	3	4	5				
酿酒酵母	第 1 室									
	第 2 室									
米曲霉	第 1 室									
	第 2 室									

（五）注意事项

（1）测量完毕，换上原有的显微镜目镜（或取出目镜测微尺，目镜放回镜筒），用擦镜纸将测微尺擦拭干净后放回盒内保存，并按照显微镜的使用和维护方法擦拭物镜。

（2）血细胞计数板使用完毕后及时洗涤，注意不要用尖锐的物体擦拭表面。

（六）思考题

1. 根据你的体会，试述用血细胞计数板计数的误差主要来自哪些方面？如何尽量减少误差，力求准确？

2. 能否用血细胞计数板在油镜下对细菌进行计数？为什么？

第十一节　微生物接种与分离技术

微生物接种是指将微生物纯种或含菌材料转移到另一营养基质上的过程。根据不同的目的可采用的不同的接种方法，如平板划线法、斜面划线法、浸洗法、涂布法、倾注法、穿刺法、点植法和影印法。

微生物的分离是指依据微生物的特征，采用各种方法从含菌样品中获得由单一个体（如单一菌体或孢子）或一段菌丝生长繁殖形成的微生物群体的过程。常用的分离方法有：平板划线法、稀释涂布平板分离法、稀释倾注平板分离法和单细胞分离法。

平板分离法的基本原理包括两个方面：①选择适合于待分离微生物的生长条件，如营养、酸碱度、温度和氧等要求或加入某种抑制剂造成只利于该微生物生长，而抑制其他微生物生长的环境，从而淘汰一些不需要的微生物。②微生物在固体培养基上生长形成的单个菌落可以是由一个细胞繁殖而成的集合体。因此可通过挑取单菌落而获得一种纯培养。需要指出的是从微生物群体中经分离生长在平板上的单个菌落并不一定保证是纯培养。因此，纯培养的确定除观察其菌落特征外，还要结合显微镜检测个体形态特征后才能确定，有些微生物的纯培养要经过一系列的分离与纯化过程和多种特征鉴定方能得到。

（一）目的要求

1. 理解和掌握微生物接种、分离基本技术的原理及操作要领。
2. 熟悉微生物接种、分离的无菌操作过程。
3. 了解微生物需氧培养的方法。
4. 学会观察和描述微生物的各种培养性状。

（二）实验器材

1. 菌种

大肠杆菌（*Escherichia coli*）、枯草芽孢杆菌（*Bacillus subtilis*）、金黄色葡萄球菌（*Staphylococcus aureus*）、啤酒酵母（*Saccharomyces cerevisiae*）、热带假丝酵母（*Candida tropicalis*）、毛霉（*Mucor* sp.）、根霉（*Rhizopus* sp.）、黑曲霉（*A. niger*）、青霉（*Penicillium* sp.）混合菌液。

2. 培养基

营养琼脂斜面和平板、半固体营养琼脂直立柱、PDA斜面和平板。

3. 接种工具及其他

接种环、接种针、涂布棒、无菌吸管、酒精灯、恒温培养箱等。

（三）实验内容

1. 微生物的接种

（1）斜面接种　斜面接种是从已生长好的菌种斜面上挑取少量菌种移植至另一支新鲜斜面培养基上的一种接种方法。本实验可选用培养好的枯草芽孢杆菌（*Bacillus subtilis*）、金黄色葡萄球菌（*Staphylococcus aureus*）、啤酒酵母（*Saccharomyces cerevisiae*）等菌种的斜面，具体操作如下：

①操作前，先用75%酒精擦手，待酒精挥发后才能点燃酒精灯。

②用斜面进行接种时，将原菌种管和待转接斜面试管夹在左手的大拇指和其他四指之间，斜面朝上，并处于水平位置。

③先将原菌种管和待转接斜面试管的硅胶塞旋转一下，以便接种时便于拔出。

④右手拿接种环（与日常拿笔一样）在火焰上将环金属丝部分烧红灭菌，然后将其余要伸入试管部分的金属柄也反复通过火焰灭菌，如图2-18（1）和（2）所示。

⑤用右手小指、无名指或手掌将原菌种管和待转接斜面试管的硅胶塞同时拔出并把硅胶塞握住，不得任意放在桌上或与其他物品相接触，再以火焰烧管口，如图 2-18（3）所示。

⑥将上述在火焰上灭菌过的接种环伸入菌种管内，接种环在接触菌种前先在试管内壁上或未长菌落的培养基面上接触一下，使接种环充分冷却，以免烫死菌种，然后用接种环轻轻蘸取少量菌苔，接着将接种环自菌种管内抽出。抽出时勿与管壁相碰，也勿通过火焰，如图 2-18（4）所示。

⑦迅速将沾有菌种的接种环伸入待接斜面试管中，自斜面培养基底部向上划线，使菌体沾附在培养基的斜面上，划线时环要平放，勿用力，否则会使培养基表面划破，如图 2-18（5）所示。

⑧接种完毕后将接种环抽出，灼烧一下管口，塞上硅胶塞，塞棉塞时勿用试管口去迎棉塞，以免试管在移动时纳入不洁空气，如图 2-18（6）所示。

⑨接种环放回原处前要在火焰上彻底灭菌，接种致病菌时更要注意这点。最后将棉塞旋紧。注意：棉塞与火焰的距离要适当，以免棉塞燃烧。

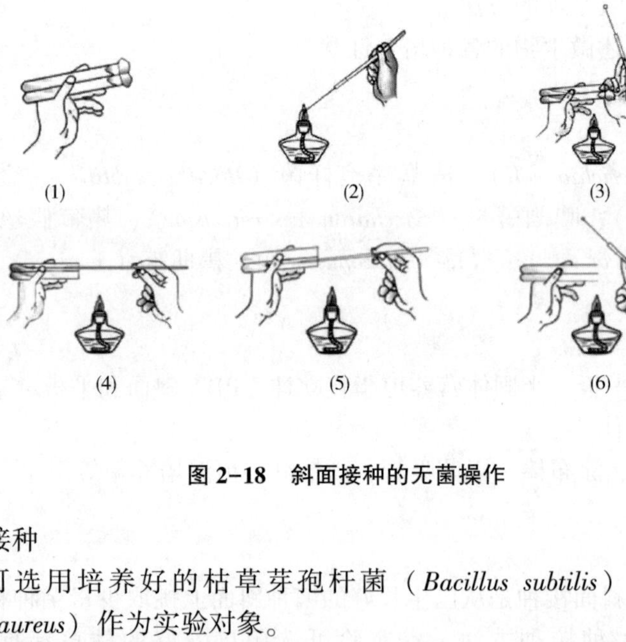

图 2-18　斜面接种的无菌操作

（2）穿刺接种

①本实验可选用培养好的枯草芽孢杆菌（*Bacillus subtilis*）或金黄色葡萄球菌（*Staphylococcus aureus*）作为实验对象。

②用接种针挑取少许培养物，如图 2-19 穿入半固体培养基内，可以水平穿刺，也可以垂直穿刺，所使用的接种针要笔直。

③将接种针自培养基中心刺入，直到接近管底，但勿穿透，然后沿原穿刺途径慢慢拔出。

（3）平板接种

①划线接种：见分离划线法。

②涂布接种：选取大肠杆菌（*Escherichia coli*）为实验对象，将菌种活化培养后，用无菌吸管吸取有一定稀释度的菌液注入平板后，用无菌涂布棒在平板表面作均匀涂布（图 2-20）。

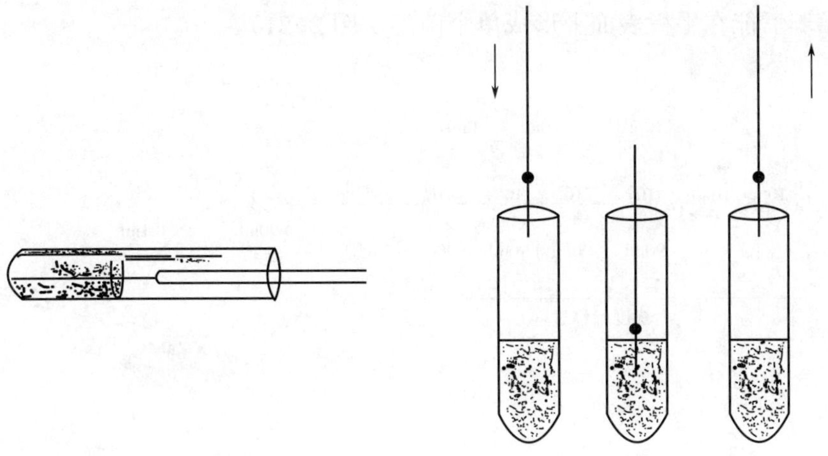

(1)　　　　　　　　　　　　(2)

图 2-19　穿刺接种示意图

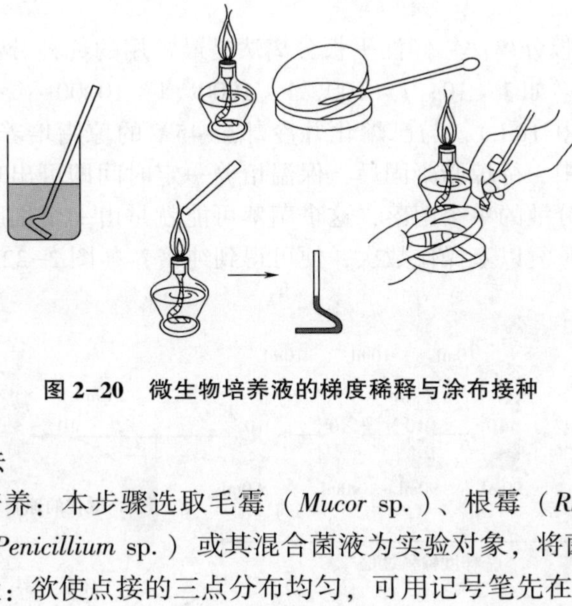

图 2-20　微生物培养液的梯度稀释与涂布接种

（3）三点接种法

①菌种活化与培养：本步骤选取毛霉（*Mucor* sp.）、根霉（*Rhizopus* sp.）、黑曲霉（*A. niger*）、青霉（*Penicillium* sp.）或其混合菌液为实验对象，将菌种培养至孢子形成。

②标明三点位置：欲使点接的三点分布均匀，可用记号笔先在平板底部以等边三角形状标上三点。

③取接种针：拿接种针，先在火焰上烧红灭菌，并在平板培养基的边缘冷却且蘸湿。

④蘸取孢子：将灭过菌并蘸湿的接种针伸入菌种管，用针尖蘸取少量霉菌孢子。

⑤点接：操作方法基本同穿刺接种，以垂直法或水平法把接种针上蘸着的孢子，以垂直的方向轻轻地点接到平板培养基表面预先做好标记的部位。注意在点接时切勿刺破培养基。

2. 微生物的分离

(1) 涂布平板分离法　涂布平板分离法是样品经过适当稀释后，用无菌吸管吸取

0.1mL稀释液于固体培养基平板中，用无菌玻璃涂棒将稀释液均匀地涂布，使样品中的菌体经过培养后能在平板表面上形成单个菌落（图2-21）。

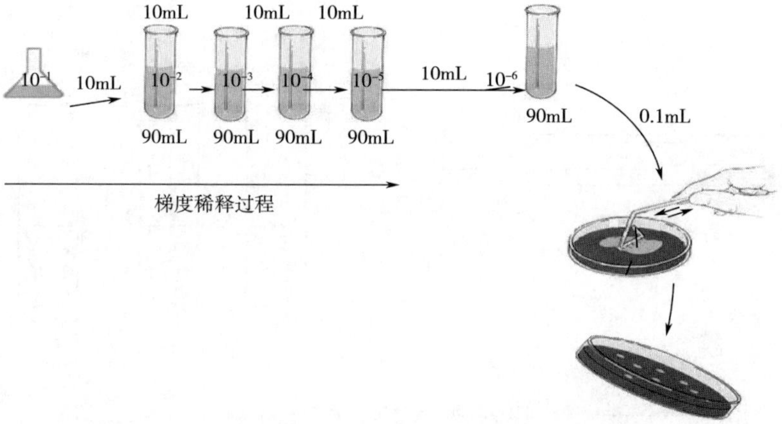

图2-21　涂布平板分离法

（2）稀释倾注平板分离法　倾注平板分离法是最常用的纯种分离法，先将待分离的材料作一系列的稀释（如1∶10，1∶100，1∶1000，1∶10000……），然后分别取不同稀释液少许（一般取0.1mL），与已熔化并冷却至45℃的琼脂培养基相混合，摇匀后，倾入灭过菌的培养皿中，待琼脂凝固后，保温培养一定时间即可出现菌落。如果稀释得当，平皿上就可出现分散的单个菌落，这个菌落可能就是由一个细胞繁殖形成的。随后挑取该单个菌落，或重复以上操作数次，便可得到纯培养（图2-22）。

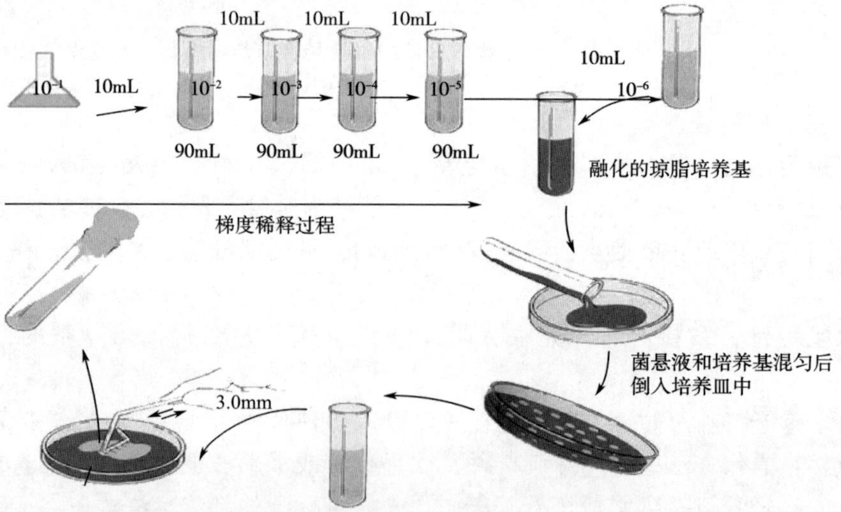

图2-22　倾注平板分离法

（3）平板划线分离法　划线的方法很多，但无论采用哪种方法，其目的都是通过划线将样品在平板上进行稀释，使之形成单个菌落。常用的划线方法有多种，如图 2-23 所示。

用接种环以无菌操作挑取菌悬液一环，先在平板培养基的一边作第一次平行划线1～2 条，再转动培养皿约 70°角，并将接种环上剩余物烧掉，待冷却后通过第一次划线部分作第二次平行划线，再用同样的方法通过第二次划线部分作第三次划线和通过第三次平行划线部分作第四次平行划线，如图 2-23（1）所示。这属于分区划线法，此法适用于菌体密度较高的菌液，也可采用图 2-23（2）所示的方法。划线完毕后，盖上培养皿盖，倒置于培养箱中培养。

另一种叫连续划线法，将挑取有样品的接种环在平板培养基上作连续划线，其间不烧接种环上剩余物，如图 2-23（3）和（4）所示。此法适用于菌体密度较低的菌液。划线完毕后，盖上培养皿盖，倒置于培养箱中培养。

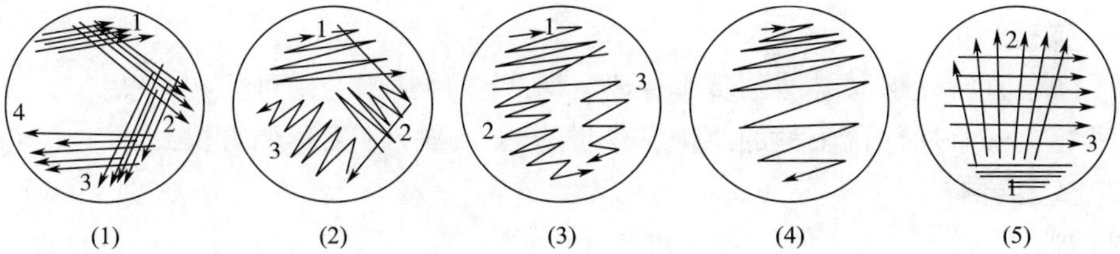

图 2-23　几种常见的划线方法

（四）注意事项

（1）微生物的接种、分离操作，最好在无菌室或无菌罩内进行。若在普通室内进行，酒精灯火焰应稍大，要防止外来污染。

（2）平板或斜面的划线要迅速、轻捷，不要划破培养基。

（3）做平板分区划线分离时，划完一小区，均匀将接种环彻底灼烧灭菌，待冷却后再划下一小区。

（4）接种时操作要点

①双手用 75%酒精或新洁尔灭擦手，接种工具使用前需经火焰灼烧灭菌。

②操作过程不离开酒精灯火焰，且棉塞不乱放。

③操作要正确、迅速。

④接种工具用后须经火焰灼烧灭菌后，才能放在桌上。

⑤棉塞（硅胶塞）必须塞得松紧适宜。

⑥所有使用器皿均须严格灭菌，接种用的培养基均需事先作无菌培养试验。

（五）思考题

1. 微生物接种方法的共同点是什么？据此可否想出其他接种方法？
2. 若没有接种环，可否用别的接种工具照样接种？
3. 平板划线分离纯种的依据是什么？操作中应该特别注意哪些环节？
4. 倾注平板用的琼脂培养基为何要冷却至 45℃？
5. “无菌操作”在微生物接种、分离工作中有何意义？
6. 同一种菌在同一平板上所形成的菌落是否会一样大？为什么？

第十二节　微生物菌种保藏

菌种是一种重要的生物资源，菌种保藏是重要的微生物基础工作。菌种保藏就是利用一切条件使菌种不死、不衰、不变，以便于研究与应用。菌种保藏的方法很多，其原理却大同小异，不外乎为优良菌株创造一个适合长期休眠的环境，即干燥、低温、缺乏氧气和养料等，使微生物的代谢活动处于最低的状态，但又不至于死亡，从而达到保藏的目的。依据不同的菌种或不同的需求，应该选用不同的保藏方法。一般情况下，斜面保藏、半固体穿刺、石蜡油封存和沙土管保藏法较为常用，也比较容易制作。

（一）实验目的

1. 了解菌种常规保藏方法的基本原理，掌握几种常用的菌种保藏方法。

2. 理解冷冻干燥保藏菌种的原理，掌握冷冻干燥保藏菌种的方法。

（二）实验器材

1. 菌种

细菌、酵母菌、放线菌和霉菌。

2. 培养基

牛肉膏蛋白胨培养基斜面（培养细菌）、麦芽汁培养基斜面（培养酵母菌）、高氏1号培养基斜面（培养放线菌）、马铃薯蔗糖培养基斜面（培养丝状真菌）。

3. 溶液或试剂

无菌水、液体石蜡、P_2O_5、脱脂奶、10%HCl、干冰、95%乙醇。

4. 仪器及其他用具

无菌试管、无菌吸管（1mL及5mL）、无菌滴管、接种环、40目及100目筛子、干燥器、安瓿管、冰箱、冷冻真空干燥装置、酒精喷灯、三角瓶（250mL）、瘦黄土（有机物含量少的黄土）、食盐、河沙。

（三）实验内容

1. 斜面传代保藏法

①贴标签：取各种无菌斜面试管数支，将注有菌株名称和接种日期的标签贴上，贴在试管斜面的正上方，距试管口2~3cm处。

②斜面接种：将待保藏的菌种用接种环以无菌操作法移接至相应的试管斜面上，细菌和酵母菌宜采用对数生长期的细胞，而放线菌和丝状真菌宜采用成熟的孢子。

③培养：细菌37℃恒温培养18~24h，酵母菌28~30℃培养36~60h，放线菌和丝状真菌置于28℃培养4~7d。

④保藏：斜面长好后，可直接放入4℃冰箱保藏。为防止棉塞受潮长杂菌，管口棉花应用牛皮纸包扎，或换上无菌胶塞，也可用融化的固体石蜡熔封棉塞或胶塞。

保藏时间依微生物种类而不同，酵母菌、霉菌、放线菌及有芽孢的细菌可保存2~6个月，移种一次；而不产芽孢的细菌最好每月移种一次。此法的缺点是容易变异，污染杂菌的机会较多。

2. 液体石蜡保藏法

①液体石蜡灭菌：在250mL三角烧瓶中装入100mL液体石蜡，塞上棉塞，并用牛皮纸包扎，121℃湿热灭菌30min，然后于40℃温箱中使水汽蒸发后备用。

②接种培养：同斜面传代保藏法。

③加液体石蜡：用无菌滴管吸取液体石蜡以无菌操作加到已长好的菌种斜面上，加入量以高出斜面顶端约1cm为宜。

④保藏：棉塞外包牛皮纸，将试管直立放置于4℃冰箱中保存。利用这种保藏方法，霉菌、放线菌、有芽孢细菌可保藏2年，酵母菌可保藏1~2年，一般无芽孢细菌也可保藏1年左右。

⑤恢复培养：用接种环从液体石蜡下挑取少量菌种，在试管壁上轻靠几下，尽量使石蜡油滴净，再接种于新鲜培养基中培养。由于菌体表面粘有液体石蜡，生长较慢且有黏性，故一般须转接2次才能获得良好菌种。

3. 沙土管保藏法

①沙土处理：

a. 沙处理：取河沙经40目过筛，去除大颗粒，加10%HCl浸泡（用量以浸没沙面为宜）2~4h（或煮沸30min），以除去有机杂质，然后倒去盐酸，用清水冲洗至中性，烘干或晒干，备用。

b. 土处理：取非耕作层瘦黄土（不含有机质），加自来水浸泡洗涤数次，直至中性，然后烘干、粉碎，用100目过筛，去除粗颗粒后备用。

②装沙土管：将沙与土按2∶1，3∶1或4∶1（质量比）比例混合均匀装入试管中（10mm×100mm），装约7cm高，加棉塞，并外包牛皮纸，121℃湿热灭菌30min，然后烘干。

③无菌试验：每10支沙土管任抽一支，取少许沙土接入牛肉膏蛋白胨或麦芽汁培养液中，在最适的温度下培养2~4d，确定无菌生长时才可使用。若发现有杂菌，经重新灭菌后，再作无菌试验，直到合格。

④制备菌液：用5mL无菌吸管分别吸取3mL无菌水至待保藏的菌种斜面上，用接种环轻轻搅动，制成悬液。

⑤加样：用1mL吸管吸取上述菌悬液0.1~0.5mL加入沙土管中，用接种环拌匀。加入菌液量以湿润沙土达2/3高度为宜。

⑥干燥：将含菌的沙土管放入干燥器中，干燥器内用培养皿盛P_2O_5作为干燥剂，可再用真空泵连续抽气3~4h，加速干燥。将沙土管轻轻一拍，沙土呈分散状即达到充分干燥。

⑦保藏：沙土管可选择下列方法之一来保藏：

a. 保存于干燥器中。

b. 用石蜡封住棉花塞后放入冰箱保存。

c. 将沙土管取出，管口用火焰熔封后放入冰箱保存。

d. 将沙土管装入有$CaCl_2$等干燥剂的大试管中，塞上橡皮塞或木塞，再用蜡封口，放入冰箱中或室温下保存。

⑧恢复培养：使用时挑取少量混有孢子的沙土，接种于斜面培养基上或液体培养基内培养即可，原沙土管仍可继续保藏。此法适用于保藏能产生芽孢的细菌及形成孢子的霉菌和放线菌，可保存 2 年左右。但不能用于保藏营养细胞。

4. 冷冻干燥保藏法

①准备安瓿管：选用内径 5mm、长 10.5cm 的硬质玻璃试管，用 10%HCl 浸泡 8～10h 后用自来水冲洗多次，最后用去离子水洗 1～2 次，烘干。将印有菌名和接种日期的标签放入安瓿管内，有字的一面朝向管壁。管口加棉塞，121℃灭菌 30min。

②制备脱脂牛奶：将脱脂奶粉配成 20%乳液，然后分装，121℃灭菌 30min，并做无菌试验。

③菌种准备：选用无污染的纯菌种。培养时间：一般细菌为 24～48h，酵母菌为 3d，放线菌与丝状真菌 7～10d。

④制备菌液及分装：吸取 3mL 无菌牛奶直接加入斜面菌种管中，用接种环轻轻搅动菌落，再用手摇动试管，制成均匀的细胞或孢子悬液。用无菌长滴管将菌液分装于安瓿管底部，每管装 0.2mL。

⑤预冻：将安瓿管外的棉花剪去并将棉塞向里推至离管口约 15mm 处，再通过乳胶管把安瓿管连接于总管的侧管上，总管则通过厚壁橡皮管及三通短管与真空表及干燥瓶、真空泵相连接，并将所有安瓿管浸入装有干冰和 95%乙醇的预冷槽中（此时槽内温度可达-50～-40℃），只需冷冻 1h 左右，即可使悬液冻结成固体。

⑥真空干燥：完成预冻后，升高总管使安瓿管仅底部与冰面接触（此处温度约-10℃），以保持安瓿管内的悬液仍呈固体状态。开启真空泵后，应在 5～15min 内使真空度达 66.7Pa 以下，使被冻结的悬液开始升华，当真空度达到 13.3～26.7Pa 时，冻结样品逐渐被干燥成白色片状，此时使安瓿管脱离冰浴，在室温下（25～30℃）继续干燥（管内温度不超过 30℃），升温可加速样品中残余水分的蒸发。总干燥时间应根据安瓿管的数量、悬浮液装量及保持剂性质来定，一般 3～4h 即可。

⑦封口：样品干燥后继续抽真空达 1.33Pa 时，在安瓿管棉塞的稍下部位用酒精喷灯火焰灼烧，拉成细颈并熔封，然后置于 4℃冰箱内保藏。

⑧恢复培养：用 75%乙醇消毒安瓿管外壁后，在火焰上烧热安瓿管上部，然后将无菌水滴在烧热处，使管壁出现裂缝，放置片刻，让空气从裂缝中缓慢进入管内后，将裂口端敲断，再用无菌的长颈滴管吸取菌液至合适培养基中，放置在最适温度下培养。

冷冻干燥保藏法综合利用了各种有利于菌种保藏的因素（低温、干燥和缺氧等），是目前最有效的菌种保藏方法之一。保存时间可长达 10 年以上。

（四）注意事项

（1）从液体石蜡封藏的菌种管中挑菌后，接种环上带有石蜡油和菌，故接种环在火焰上灭菌时要先在火焰边烤干再直接灼烧，以免菌液四溅，引起污染。

（2）在真空干燥过程中安瓿管内样品应保持冻结状态，以防止抽真空时样品产生泡沫而外溢。

（3）熔封安瓿管时注意火焰大小要适中，封口处灼烧要均匀，若火焰过大，封口处易弯斜，冷却后易出现裂缝而造成漏气。

（五）思考题

1. 简述真空冷冻干燥保藏菌种的原理。
2. 菌种保藏中，石蜡油的作用是什么？
3. 经常使用的细菌菌株，使用哪种保藏方法比较好？
4. 沙土管法适合保藏哪一类微生物？

第三章

CHAPTER 3

食品微生物学理化特性实验

第一节　物理因素对微生物生长的影响

（一）实验目的

1. 了解温度和紫外线对微生物生长的影响及其实验方法。

2. 认识细菌芽孢对热和紫外线的抵抗能力。

（二）实验原理

不良的环境条件（包括物理因素和化学因素）可以使微生物的生长受到抑制，甚至导致菌体的死亡。但是微生物产生的芽孢，对恶劣的环境条件有较强的抵抗能力。我们可以通过控制环境条件，使有害微生物的生长繁殖受到抑制，甚至被杀死；而对有益微生物，通过调节理化因素，使其得到良好的生长繁殖或产生有经济价值的代谢产物。

温度是影响微生物生长的重要物理因素之一。不同的微生物有其不同的生长温度范围。在生长温度范围内有最高、最适、最低三种生长温度。如果超过最低或最高生长温度时，微生物均不能正常生长，甚至会导致死亡。

紫外线对微生物生长也有明显影响。微生物细胞中核酸等物质对紫外线的吸收能力特别强，吸收的能量能破坏 DNA 的结构，抑制 DNA 的复制，从而导致微生物发生突变或死亡。紫外线的杀菌效果与照射剂量呈正相关，其功率、作用时间和作用距离等因素都会影响杀菌效果。虽然紫外线具有很好的杀菌效果，但其穿透能力不强，因此紫外线常用于表面灭菌。

（三）实验材料

1. 菌种

大肠杆菌、枯草芽孢杆菌、金黄色葡萄球菌、酿酒酵母。

2. 培养基

牛肉膏蛋白胨琼脂培养基、牛肉膏蛋白胨液体培养基、马铃薯葡萄糖液体培养基。

3. 其他物品

培养皿、无菌圆滤纸片、镊子、涂布棒、无菌水、紫外线灯、试管、恒温培养箱。

（四）实验方法与步骤

1. 温度对微生物的影响

（1）制备试管培养基　制备牛肉膏蛋白胨和马铃薯葡萄糖液体培养基，每支试管分装5mL灭菌备用。

（2）标记　取16支牛肉膏蛋白胨培养基试管和8支马铃薯葡萄糖培养基试管，分别标明4℃、20℃、37℃、60℃。第一种培养基每种温度4管，第二种培养基每种温度2管。

（3）接种　牛肉膏蛋白胨培养基试管接入培养16~18h的0.1mL大肠杆菌和枯草芽孢杆菌菌液，马铃薯葡萄糖培养基试管接入培养16~18h的0.1mL酿酒酵母菌液，同一温度和菌种设两个重复。

（4）培养　将上述试管置于标记温度下培养48h。

（5）观察结果　根据菌液的浑浊程度判断各菌株的生长情况。

2. 紫外线对微生物的影响

（1）制备培养基　取无菌牛肉膏蛋白胨培养基平板3个，分别标明大肠杆菌、枯草芽孢杆菌和金黄色葡萄球菌等试验菌的名称。

（2）接种　分别用无菌吸管吸取0.1mL培养16~18h的大肠杆菌、枯草芽孢杆菌和金黄色葡萄球菌菌液，加在相应的平板上，再用无菌涂布棒涂布均匀。

（3）紫外线处理　打开培养皿盖，用无菌黑纸遮盖部分平板，置于预热10~15min的紫外灯下，紫外线照射20min后，取出黑纸，盖上皿盖（图3-1）。

（4）培养　将上述培养皿置于37℃培养箱中恒温培养24h。

（5）观察结果　察各菌株在平皿中的分布情况，比较并记录三种菌对紫外线的抵抗能力。

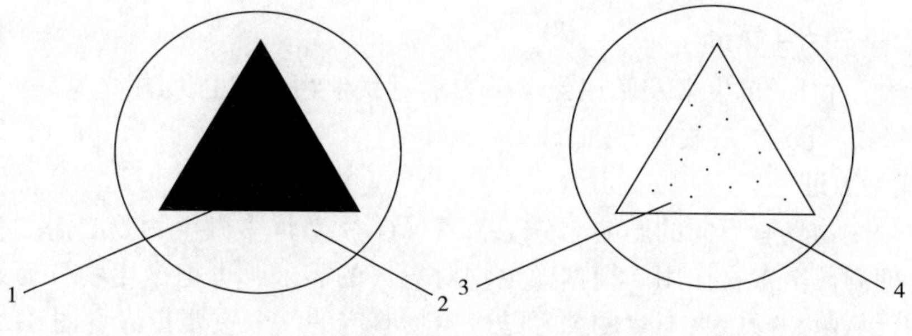

图3-1　紫外线对微生物生长的影响

1—无菌黑纸遮盖区　2—紫外处理区　3—微生物生长区　4—无菌或少量活菌区

（五）实验报告

1. 结果

（1）比较上述微生物在不同温度下的生长情况（“-”表示不生长，“+”表示生长较差，“++”表示生长一般，“+++”表示生长良好），结果填入下表：

菌名	生长情况			
	4℃	20℃	37℃	60℃
大肠杆菌				
枯草芽孢杆菌				
酿酒酵母				

（2）比较并记录上述微生物在平皿中的生长情况，结果填入下表：

菌名	生长情况	
	黑纸遮盖区	未遮盖部分
大肠杆菌		
枯草芽孢杆菌		
金黄色葡萄球菌		

（六）思考题

1. 紫外线处理时，为什么要掀去培养皿皿盖？
2. 通过实验说明芽孢对高温和紫外处理有什么影响？

第二节　化学因素对微生物生长的影响

（一）实验目的与要求

1. 了解氧、pH、抗生素及常用化学消毒剂对微生物生长的影响。
2. 掌握测定石炭酸系数的方法。

（二）实验原理

氧气对微生物具有不同的影响。分子态氧（O_2）对许多微生物是必需的，而对另一些种类则起抑制甚至毒害作用。根据微生物对氧气的需求，可把微生物分为好氧菌、厌氧菌和兼性厌氧菌。微生物与氧的关系是微生物鉴定的一个重要指标（图 3-2）。

环境 pH 不仅影响微生物的生长，甚至影响微生物的形态。各种微生物有其最适 pH 和一定的 pH 范围。强酸强碱对一般微生物有致死作用。通常，酵母菌和霉菌的适宜 pH 4~6，放线菌的适宜 pH 7.5~8，细菌适宜 pH6.5~7.5。

常用的化学消毒剂主要包括有机溶剂（酚、醇、醛等）、重金属及其盐类、卤族元素及表面活性剂等。它们的杀菌或抑菌作用主要是使菌体蛋白质及核酸变性，破坏细胞膜透性，或者与酶的—SH 结合而使酶失去活性所致。

为了比较不同化学消毒剂的杀菌能力，常以石炭酸为标准，即将某一消毒剂作不同稀释后，在一定条件及一定时间内杀死全部供试微生物的最高稀释倍数，与达到同样效果的石炭酸的最高稀释倍数的比值，称为这种消毒剂对该种微生物的石炭酸系数（酚系数）。石炭酸系数越大，说明该消毒剂杀菌能力越强。

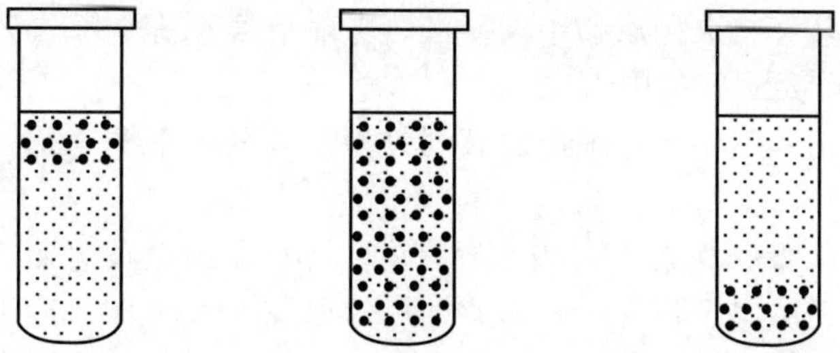

图 3-2　不同类型微生物在琼脂培养基中的分布情况示意图

（三）实验设备与材料

1. 实验菌种

大肠杆菌、金黄色葡萄球菌、丙酮丁醇梭菌、酿酒酵母。

2. 培养基

牛肉膏蛋白胨琼脂培养基、牛肉膏蛋白胨液体培养基、马铃薯葡萄糖液体培养基。

3. 试剂

95%乙醇、75%乙醇、5%的石炭酸、10% 84 消毒液、2.5%碘酒、0.05%结晶紫、0.25%新洁尔灭、无菌生理盐水。

4. 仪器及其他用品

无菌培养皿、无菌滤纸片、试管、吸管、超净工作台、涂布棒、恒温培养箱等。

（四）实验方法与步骤

1. 氧气对微生物生长的影响

（1）制备试管培养基　配制牛肉膏蛋白胨琼脂培养基，每支试管装 5mL 灭菌后备用。

（2）接种　将上述培养基融化后冷却至 45~50℃，无菌吸取培养 16~18h 的 0.1mL 大肠杆菌、枯草芽孢杆菌和丙酮丁醇梭菌菌液接入试管并用双手快速搓动试管，待混合均匀后，迅速将试管放入冰浴使其凝固。

（3）培养　将上述试管置于 37℃培养箱中静置培养 48h。

（4）观察结果　取出样品，观察各菌株在培养基中的分布部位。

2. pH 对微生物生长的影响

（1）制备试管培养基　配制牛肉膏蛋白胨液体培养基、马铃薯葡萄糖液体培养基，分别调节 pH 至 3.0、5.0、7.0、9.0 和 11.0，每种 pH 做两个重复，每支试管装 5mL 后灭菌备用。

（2）接种　每支牛肉膏蛋白胨培养基试管接入培养 16~18h 的 0.1mL 大肠杆菌，每支马铃薯葡萄糖培养基试管接入培养 16~18h 的 0.1mL 酿酒酵母。

（3）培养　将接种大肠杆菌的试管置于 37℃ 培养 48h，接种酿酒酵母的试管置于 28℃培养 48h。

（4）观察结果　培养结束后取出试管，利用分光光度计测定培养物的吸光度 A_{600nm}。

3. 化学消毒剂和抗生素杀（抑）菌作用的测定

（1）制备培养基　将灭菌后的牛肉膏蛋白胨琼脂培养基冷却至50℃左右后倒入无菌平皿中，水平放置至凝固后备用。

（2）标记　用记号笔将上述平皿皿底划分为6等份，并逐一标明消毒剂或抗生素的名称。

（3）接种　无菌吸取0.2mL过夜培养好的大肠杆菌或金黄色葡萄球菌菌液涂平板。

（4）贴片　用无菌镊子将灭菌圆形滤纸片分别浸入各种消毒剂（或抗生素）溶液和无菌生理盐水中，然后取出并沥去多余液体，以无菌操作将滤纸片对号放入培养皿的相应区域。

（5）培养及观察　将上述放好滤纸片的含菌平皿，倒置于37℃培养箱中培养24h后，取出测定抑菌圈大小（图3-3）。

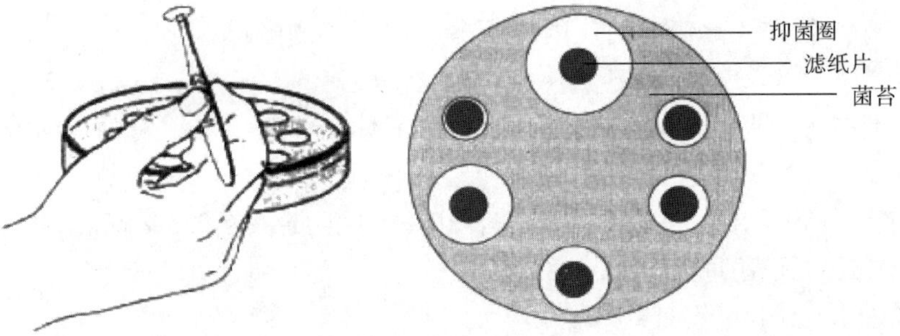

图3-3　滤纸片的贴法及化学消毒剂（或抗生素）的杀（抑）菌作用

4. 石炭酸系数的测定

（1）将石炭酸溶液依次配制成1/50，1/60，1/70，1/80，1/90等不同稀释度，混匀后吸取5mL装入试管并做好标记。

（2）将待测消毒剂依次配制成1/150，1/200，1/250，1/300，1/400，1/500等不同的稀释度，混匀后吸取5mL装入试管并做好标记。

（3）向上述不同稀释度消毒剂中各接入活化好的0.5mL大肠杆菌菌液并摇匀。每管自接种时起分别计时5，10，15min，计时结束后立即用无菌接种环从各管内蘸取一环菌液接种至牛肉膏蛋白胨液体培养基试管中，并标明相应的消毒剂和处理时间。

（4）将上述试管置于37℃培养箱中培养48h，观察并记录其生长情况。溶液变混浊表明大肠杆菌可以生长，以“+”表示；溶液一直澄清则说明不可以生长，以“-”表示。

（5）计算系数　找出处理5min可以生长，而处理10min和15min均不生长的待测消毒剂及石炭酸的最大稀释度，计算出二者的比值，即为该消毒剂的石炭酸系数。例如石炭酸在10min内杀死大肠杆菌的最大稀释度是1/60，待测消毒剂是1/150，则待测消毒剂的石炭酸系数为150/60=2.5。

（五）实验报告

1. 氧对不同微生物生长的影响

菌名	生长位置	类型
大肠杆菌		
枯草芽孢杆菌		
丙酮丁醇梭菌		

2. pH 对大肠杆菌和酿酒酵母生长的影响

菌名	A_{600nm}				
	pH3.0	pH5.0	pH7.0	pH9.0	pH11.0
大肠杆菌					
酿酒酵母					

3. 不同化学消毒剂和抗生素对大肠杆菌和金黄色葡萄球菌生长的影响

消毒剂	抑（杀）菌圈直径/mm	
	大肠杆菌	金黄色葡萄球菌
95%乙醇		
75%乙醇		
5%石炭酸		
10% 84 消毒液		
2.5%碘酒		
0.05%结晶紫		
0.25%新洁尔灭		
青霉素（80 万 U/mL）		
氨苄青霉素（80 万 U/mL）		

4. 石炭酸系数的测定和计算

消毒剂	稀释倍数	生长情况			石炭酸系数
		5min	10min	15min	
	50				
	60				
石炭酸	70				
	80				
	90				

续表

消毒剂	稀释倍数	生长情况			石炭酸系数
		5min	10min	15min	
待测消毒液	150				
	200				
	250				
	300				
	400				
	500				

（六）思考题

1. 待测消毒液对大肠杆菌的石炭酸系数是多少？
2. 消毒剂导致的微生物抑菌圈是否说明圈内微生物细胞已被杀死？

第三节　食品微生物的生理生化鉴定

一、石蕊牛奶实验

（一）实验目的与要求

1. 掌握石蕊牛奶实验的原理。
2. 通过石蕊实验分离鉴定乳酸菌。

（二）实验原理

石蕊牛奶培养基由脱脂牛奶和石蕊配制而成，呈淡紫色。牛奶中主要含有乳糖和酪蛋白，在牛奶中加入石蕊是作为酸碱指示剂和氧化还原指示剂。石蕊在中性时呈淡紫色，在酸性时呈粉红色，在碱性时呈蓝色，还原时则褪色变白。

细菌对牛奶的作用有以下几种：

1. 产酸

细菌发酵乳糖产酸，使石蕊变红。

2. 产碱

细菌分解酪蛋白产生碱性物质，使石蕊变蓝。

3. 胨化

细菌产生蛋白酶，使酪蛋白分解，故牛奶变得比较澄清。

4. 酸凝固

细菌发酵乳糖产酸，使石蕊变红，当酸度很高时，可使牛奶凝固。

5. 凝乳酶凝固

有些细菌能产生凝乳酶，使牛奶中的酪蛋白凝固，此时石蕊常呈蓝色或不变色。

6. 还原

细菌生长旺盛，使培养基氧化还原电位降低，因此石蕊还原褪色。

（三）实验材料

1. 菌株

乳酸菌、金黄色葡萄球菌、普通变形杆菌等。

2. 培养基

MRS 培养基、营养琼脂培养基。

3. 其他

鲜牛奶、石蕊、试管、接种环、试管架、电子天平、称量纸、玻璃棒、三角瓶、烧杯、药匙、标签纸、酒精灯、滴管。

4. 脱脂牛奶的制备

新鲜牛奶用离心机分离，除去上层奶油，取下层脱脂牛奶。若无新鲜牛奶可用脱脂奶粉代替，每 1000mL 水溶解 100g 脱脂奶粉。或将鲜奶煮沸，在阴凉处静置 24h，用虹吸法取出底层牛奶。

5. 2.5%石蕊

称取石蕊 2.5g，蒸馏水 100mL，将石蕊浸泡在蒸馏水中过夜或更长时间，使石蕊变软而易于溶解，溶解后过滤。

6. 石蕊牛奶配制

脱脂牛奶分装试管，每管 8mL，加入 2.5%石蕊试剂 6~10 滴至紫色，现用现配，115℃灭菌 15min。注意需要用新鲜牛奶配制。

（四）实验方法与步骤

1. 取 3 支石蕊牛奶培养基试管，用记号笔标明各管欲接种的菌名。
2. 用接种针分别穿刺接种乳酸菌、普通变形杆菌和金黄色葡萄球菌。
3. 将接种后的乳酸菌试管置 42℃培养 6~18h，普通变形杆菌和金黄色葡萄球菌置于 37℃培养 24~48h。
4. 观察培养基颜色变化。

（五）思考题

1. 石蕊牛奶中的石蕊为什么会起到氧化还原指示剂的作用？
2. 如果在乳酸菌分离纯化过程中，将一株疑似乳酸菌接入石蕊牛奶试管中，经培养发酵后出现什么现象，我们才能初步判断接种的菌可能是乳酸菌呢？

二、 明胶水解实验

（一）实验目的与要求

1. 了解不同微生物因为酶系统不同，对各种有机大分子物质的水解能力不同。
2. 掌握明胶水解实验的原理和方法。

（二）实验原理

微生物对大分子物质如淀粉、蛋白质和脂肪不能直接利用，必须依靠产生的胞外酶将大分子物质分解后，才能被微生物吸收利用。胞外酶主要是水解酶，通过水解酶将大分子物质裂解为较小化合物，使其能被运输至细胞内。水解过程可通过底物的变化来证明，如水解明胶可观察到明胶被液化。

明胶是由胶原蛋白水解产生的蛋白质，在 25℃以下可维持凝胶状态，以固体形式存在，而在25℃以上明胶会液化。

有些细菌能产生明胶酶（又称类蛋白水解酶），能将明胶先水解为多肽，又进一步水解为氨基酸，失去凝胶性质而液化，甚至在4℃仍能保持液化状态。

（三）实验材料

1. 菌株

枯草芽孢杆菌、大肠杆菌、金黄色葡萄球菌、蜡样芽孢杆菌、绿脓杆菌等。

2. 培养基

明胶培养基、营养琼脂培养基、蜡样芽孢杆菌显色培养基、血琼脂培养基。

明胶培养基：氯化钠5g、蛋白胨10g、牛肉膏3g、明胶120g、蒸馏水1000mL，将药品完全溶化后，调pH 7.5±0.1，分装试管，115℃高压灭菌15min，迅速冷却，备用。

3. 其他

氯化钠、蛋白胨、牛肉膏、明胶、平板、试管、接种环、试管架、电子天平、称量纸、玻璃棒、三角瓶、烧杯、药匙、标签纸、酒精灯、滴管。

（四）实验方法与步骤

1. 取5支明胶培养基试管，用记号笔标记各管欲接种的菌株名称。

2. 挑取18~24h待试菌培养物，以较大量穿刺接种于明胶约2/3深度，于20℃培养2~5d。

3. 观察明胶液化情况。

（五）思考题

接种菌株后的明胶试管也可以放在35℃培养，在培养后必须做什么才能证明明胶水解现象是否存在？

三、 甲基红实验

（一）实验目的与要求

1. 了解甲基红实验的原理。

2. 通过甲基红实验学习大肠杆菌和产气肠杆菌利用葡萄糖产酸的情况。

（二）实验原理

甲基红实验是用来检测由葡萄糖产生的有机酸，如甲酸、乙酸、乳酸等。当细菌代谢糖产酸时，使加入培养基中的甲基红由橙黄色（pH 6.3）转变为红色（pH 4.2），即甲基红反应。

甲基红为酸性指示剂，pH范围为4.4~6.0，其pK值为5.0。故在pH 5.0以下，随酸度增加而红色增强，在pH5.0以上，则随碱度增加而黄色增强，在pH 5.0上下时，可能变色不够明显，此时应延长培养时间，重复试验。

肠杆菌科各菌属都能发酵葡萄糖，在分解葡萄糖过程中产生丙酮酸，进一步分解中，由于糖代谢的途径不同，可产生乳酸、琥珀酸、醋酸和甲酸等大量酸性产物，可使培养基pH下降至pH 4.5以下，使甲基红指示剂变红。利用该实验可区分大肠杆菌和产气肠杆菌。这两种细菌在培养早期均产生有机酸，但大肠杆菌在培养后期仍能维持酸性pH 4.0，而产气肠杆菌则转化有机酸为非酸性末端产物，如乙醇、丙酮酸等，使pH大约升至6.0。因此，此时加入甲基红指示剂，呈现黄色。

（三）实验材料

1. 菌株

大肠杆菌、产气肠杆菌等。

2. 培养基

营养琼脂培养基、LB 液体培养基、葡萄糖蛋白胨水培养基或生化管。

葡萄糖蛋白胨水培养基：称取蛋白胨 5g、葡萄糖 5g、磷酸氢二钾 2g、蒸馏水 1000mL，溶解后，调 pH 7.0~7.2，过滤。分装试管，每管 10mL，115℃灭菌 30min。

3. 其他

0.1%甲基红或甲基红检测试剂盒、氯化钠、蛋白胨、牛肉膏、葡萄糖、磷酸氢二钾、平板、试管、接种环、试管架、电子天平、称量纸、玻璃棒、三角瓶、烧杯、药匙、标签纸、酒精灯、滴管。

（四）实验方法与步骤

1. 将大肠杆菌和产气肠杆菌分别接入 2 支葡萄糖蛋白胨水培养基，置于（36±1）℃或 30℃（以 30℃较好）下培养 3~5d。

2. 从第 2 天起，每日取培养液 1mL，加甲基红指示剂 1~2 滴，阳性呈鲜红色，弱阳性呈淡红色，阴性为黄色。直至发现阳性或至第 5 天仍为阴性，即可判定结果。如为试剂盒，具体操作按说明书进行。

（五）思考题

1. 为什么大肠杆菌是甲基红反应阳性，而产气肠杆菌为阴性？

2. 假如在大肠菌群实验中，有两种纯菌都在 LST 培养基中出现产酸产气的现象，要想确定两种纯菌中有没有产气肠杆菌，利用生化鉴定如何操作？

四、硫化氢实验

（一）实验目的与要求

1. 了解掌握硫化氢实验原理。

2. 掌握硫化氢阳性菌株的范围及现象。

（二）实验原理

硫化氢实验是检测硫化氢的产生，也是用于肠道细菌检测的常用生化实验。有些细菌能分解含硫氨基酸或含硫化合物如胱氨酸、半胱氨酸、甲硫氨酸等产生硫化氢，硫化氢与培养基中的铅盐或铁盐等形成黑色的硫化铅或硫化亚铁沉淀，为硫化氢实验阳性，可用于鉴别细菌。其中产气肠杆菌为阳性，大肠杆菌为阴性。阳性结果如图 3-4。

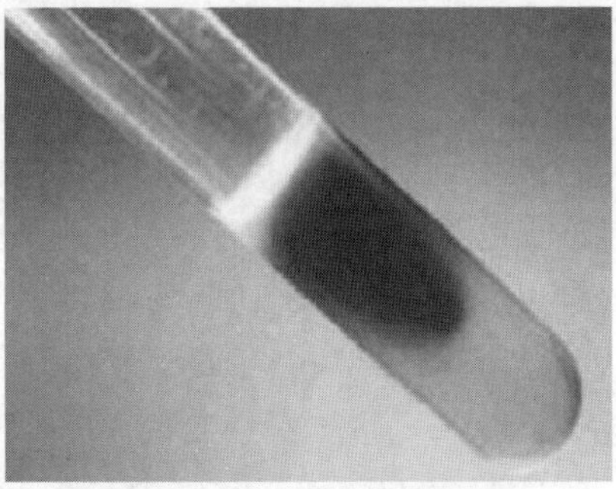

图 3-4　硫化氢阳性现象

（三）实验材料

1. 菌株

大肠杆菌、产气肠杆菌等。

2. 培养基

营养琼脂培养基、LB 液体培养基、硫酸亚铁琼脂、三糖铁琼脂、醋酸铅琼脂、硫化氢生化管。

硫酸亚铁琼脂培养基：牛肉膏 3g、酵母浸膏 3g、蛋白胨 10g、硫酸亚铁 0.2g、硫代硫酸钠 0.3g、氯化钠 5g、琼脂 12g、蒸馏水 1000mL，加热溶解，调整 pH 7.4，分装试管，115℃高压灭菌 15min，取出直立凝固待用。

醋酸铅培养基：蛋白胨 10g、牛肉浸粉 3g、氯化钠 5g、硫代硫酸钠 2.5g、琼脂 12g、蒸馏水 1000mL，加热溶解调整 pH 7.3±0.1，分装试管，115℃高压灭菌 15min，培养基冷至 50℃左右时，按 1%比例加入过滤除菌的 10%醋酸铅溶液，混匀、直立，冷却备用。

3. 其他

平板、试管、接种环、试管架、电子天平、称量纸、玻璃棒、三角瓶、烧杯、药匙、标签纸、酒精灯、滴管。

（四）实验方法与步骤

1. 试管法

用接种针将大肠杆菌和产气肠杆菌分别穿刺接入 2 支醋酸铅培养基中，置 37℃培养 48h，观察有无黑色沉淀物产生，有黑色沉淀产生为硫化氢实验阳性，无黑色沉淀产生为硫化氢实验阴性。

2. 醋酸铅纸条法

将待试菌接种于一般营养肉汤，再将醋酸铅纸条悬挂于培养基上空，以不会被溅湿为适度；用管塞压住置（36±1）℃培养 1~6d。纸条变黑为阳性。

（五）思考题

说明硫化氢试验中醋酸铅的作用，并且用哪些化合物可代替醋酸铅？

五、 氧化酶试验

（一）实验目的与要求

了解掌握氧化酶试验原理，并能熟练进行操作。

（二）实验原理

氧化酶（细胞色素氧化酶）是细胞色素呼吸酶系统的最终呼吸酶。具有氧化酶的细菌，首先使细胞色素 c 氧化，形成水和氧化型细胞色素 c，再由氧化型细胞色素 c 使四甲基对苯二胺氧化，生成有色的醌类化合物。

氧化酶试验主要用于肠杆菌科细菌与假单胞菌的鉴别，前者为阴性，后者为阳性。奈瑟菌属、莫拉菌属细菌也呈阳性反应。细菌在与试剂接触 10s 内呈深紫色，为阳性。

本实验由于试剂在空气中易氧化，故应经常更换新试剂或配制时试剂内加入 0.1%维生素 C 以减少自身氧化。

（三）实验材料

1. 菌株

铜绿假单胞菌、大肠杆菌等。

2. 培养基

营养琼脂培养基。

3. 其他

平板、试管、接种环、试管架、电子天平、称量纸、玻璃棒、三角瓶、烧杯、药匙、标签纸、酒精灯、滴管、滤纸片、氧化酶试剂（盐酸二甲基对苯二胺或盐酸四甲基对苯二胺）、1% α-萘酚-乙醇溶液。

1%盐酸二甲基对苯二胺（或盐酸四甲基对苯二胺）：取药品 0.1g，加蒸馏水 10mL，置棕色瓶内冰箱保存或分装于棕色瓶内密封，保存一周。

（四）实验方法与步骤

1. 菌落法

直接滴加试剂于被检菌菌落上。阳性者呈现粉红色，并逐渐加深。

本实验不宜采用含葡萄糖培养基上的菌落，因为葡萄糖发酵可抑制氧化酶活力。另外应避开含铁的培养基等含铁物质，因氧化酶遇铁时会出现假阳性。

2. 滤纸法

取洁净滤纸一小块，蘸取菌少许，然后加氧化酶试剂，仅使滤纸湿润，不可过湿，在 10s 内出现红色者为阳性，10~60s 呈现红色者为延迟反应，60s 以上出现红色者，按阴性处理，铁可催化试剂，不能使用，可用白金丝或玻璃棒取菌。滤纸法也可继续再加 α-萘酚溶液一滴，阳性者于半分钟内呈现鲜蓝色，阴性于 2min 内不变色。

3. 试剂纸片法

将滤纸片浸泡于氧化酶试剂中制成试剂纸片，取菌涂于试剂纸上。结果观察方法如上。

（五）思考题

解释说明，在氧化酶试验中，氧化酶是直接与氧化酶试剂反应的吗？

六、 接触酶试验

（一）实验目的与要求

学习掌握接触酶试验的原理及熟练操作。

（二）实验原理

触酶又称过氧化氢酶，具有过氧化氢酶的细菌，能催化过氧化氢成为水和原子态氧，继而形成氧分子，出现气泡。

大多需氧和兼性厌氧菌均产生过氧化氢酶，但链球菌属阴性，故常用此试验来鉴定。

分枝杆菌的鉴别用耐热触酶实验鉴别。结核分枝杆菌大多数触酶试验阳性，而热触酶试验阴性；非结核分枝杆菌则大多数两种试验均阳性。

（三）实验材料

1. 菌株

链球菌、微球菌、结核分枝杆菌、非结核分枝杆菌等。

2. 培养基

营养琼脂培养基、罗琴氏培养基等。

3. 其他

平板、试管、接种环、试管架、电子天平、称量纸、玻璃棒、三角瓶、烧杯、药匙、标签纸、酒精灯、滴管、3% H_2O_2。

（四）实验方法与步骤

1. 触酶实验

取洁净玻片1张，用接种环挑取待测细菌，加1滴3% H_2O_2，立即观察结果。若立即出现大量气泡为阳性，无气泡为阴性。

3% H_2O_2溶液要新鲜配制，操作时取对数生长期的细菌，不宜用血琼脂平板上生长的菌落，因红细胞含有触酶，可致假阳性反应。

2. 热触酶实验

将浓的细菌悬液置于68℃水浴加温20min，然后再加 H_2O_2。观察是否产生气泡，有气泡者为阳性。

（五）思考题

接触酶试验为什么常用于革兰阳性球菌的分类？

七、 糖发酵试验

（一）实验目的与要求

1. 了解糖发酵的原理及其在肠细菌鉴定中的重要作用。

2. 掌握通过糖发酵试验鉴别不同微生物的方法。

（二）实验原理

糖发酵试验是一种鉴别微生物常用的生化反应，在肠道细菌的鉴定上尤为重要。糖发酵管含有蛋白胨、指示剂和不同的糖类，主要是检查细菌对各种糖、醇和糖苷等的发酵能力。不同微生物分解利用糖类的能力有很大差异，或能利用或不能利用，能利用者，或产气或不产气。这是因为不同的细菌含有发酵不同糖（醇）的酶，因此不同细菌在分解糖类物质的能力上有很大的差异，有些细菌能分解某种糖产生有机酸（如乳酸、醋酸、丙酸等）和气体（如氢气、甲烷、二氧化碳等），有些细菌只产酸不产气。一般常用的指示剂为酚红、溴甲酚紫、溴百里蓝和Andrade指示剂。

大肠杆菌能分解乳糖和葡萄糖产酸产气，普通变形杆菌能分解葡萄糖产酸产气，却不能分解乳糖。当发酵产酸时，溴甲酚紫指示剂可由紫色（pH 6.8）转变为黄色（pH 5.2）。气体的产生可由发酵管中有无气泡来证明。

（三）实验材料

1. 菌株

大肠杆菌、普通变形杆菌等。

2. 培养基

营养琼脂培养基、糖发酵培养基等。

糖发酵培养基：蛋白胨水培养基1000mL、1.6%溴甲酚紫乙醇溶液1～2mL（或0.2%溴麝香草酚蓝溶液12mL）、糖（葡萄糖、乳糖或其他糖、醇、糖苷）10g，加热融化培养基，调节pH至7.6，分装，112℃灭菌30min。

3. 其他

平板、试管、接种环、试管架、电子天平、称量纸、玻璃棒、三角瓶、烧杯、药匙、标签纸、酒精灯、滴管、葡萄糖发酵管、乳糖发酵管或其他糖发酵管。

（四）实验方法与步骤

1. 取葡萄糖发酵管 3 支，分别接入大肠杆菌、普通变形杆菌，第三支管作为对照不接种，另取乳糖发酵管 3 支，同样操作。

2. 将所有发酵管置于 37℃ 培养 24~48h。每天观察结果，观察培养基颜色有无改变（产酸），小导管中有无气泡，微小气泡也为产气阳性。

（五）思考题

大肠杆菌接种乳糖发酵管、普通变形杆菌接种葡萄糖发酵管，后经 37℃ 培养 24~48h，应该是图 3-5 中哪个结果？为什么？

(1)　　(2)

图 3-5　糖发酵管结果

（1）液体为黄色，有产气　（2）液体为蓝紫色，无产气

第四章

食品微生物学安全检验

CHAPTER 4

第一节 食品中细菌菌落总数的检验

（一）实验目的与要求

1. 学习并掌握食品中菌落总数的测定方法。
2. 了解食品中菌落总数指标在食品安全及食品加工、保藏中的意义。

（二）实验原理

菌落总数是食品检样经过处理，在一定条件下（如培养基、培养温度和培养时间等）培养后，所得每 g（mL）检样中形成的微生物菌落总数。本实验采用的平板菌落计数法是最常用的一种活菌计数法。菌落总数的测定是以每个活细胞能分裂增殖形成一个可见的菌落为基础的，即一个菌落代表一个单细胞。稀释时，尽量使样品中的微生物细胞分散开，使之呈单个细胞存在。计数时，选择 2~3 个稀释度，使至少有一个稀释度的平均菌落数在 30~300CFU，根据其稀释倍数和取样接种量即可换算出样品中的活菌数。

（三）实验设备与材料

除微生物实验室常规灭菌及培养设备外，其他设备和材料如下：

1. 恒温培养箱：(36±1)℃，(30±1)℃。
2. 冰箱：2~5℃。
3. 恒温水浴箱：(46±1)℃。
4. 天平：感量为 0.1g。
5. 均质器。
6. 振荡器。
7. 无菌吸管：1mL（具 0.01mL 刻度）、10mL（具 0.1mL 刻度）或微量移液器及吸头。
8. 无菌锥形瓶：容量 250mL、500mL。
9. 无菌培养皿：直径 90mm。
10. pH 计或 pH 比色管或精密 pH 试纸。
11. 放大镜或/和菌落计数器。
12. 平板计数琼脂培养基。

13. 磷酸盐缓冲液。

14. 无菌生理盐水。

（四）实验方法与步骤

菌落总数的检验程序见图 4-1。

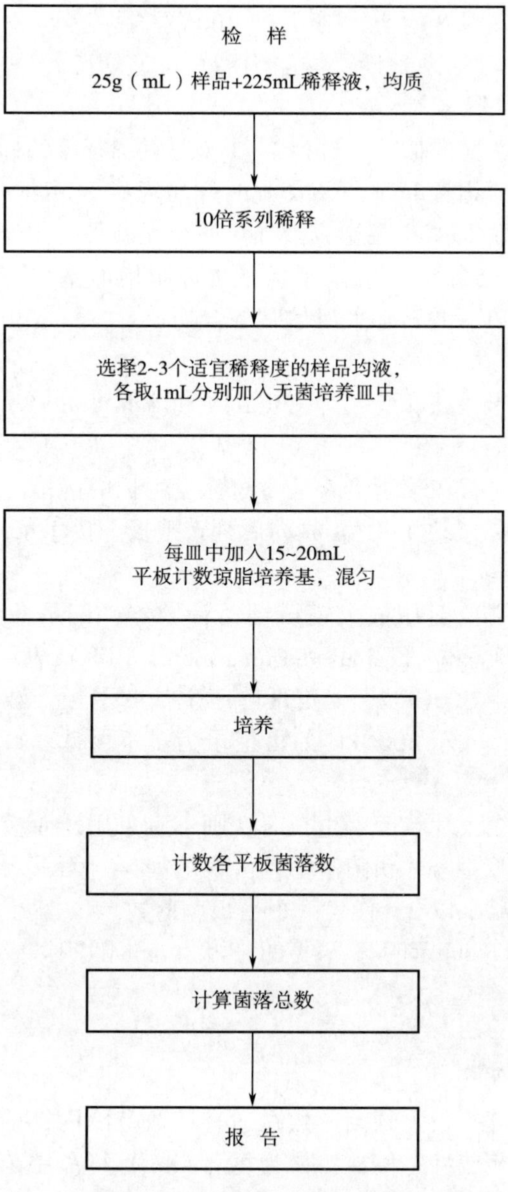

图 4-1　菌落总数的检验程序

1. 操作步骤

（1）样品的稀释

①固体和半固体样品：称取 25g 样品置于盛有 225mL 磷酸盐缓冲液或生理盐水的无菌均质杯内，8000~10000r/min 均质 1~2min，或放入盛有 225mL 稀释液的无菌均质袋

中，用拍击式均质器拍打 1~2min，制成 1∶10 的样品匀液。

②液体样品：以无菌吸管吸取 25mL 样品置于盛有 225mL 磷酸盐缓冲液或生理盐水的无菌锥形瓶（瓶内预置适当数量的无菌玻璃珠）中，充分混匀，制成 1∶10 的样品匀液。

③用 1mL 无菌吸管或微量移液器吸取 1∶10 样品匀液 1mL，沿管壁缓慢注于盛有 9mL 稀释液的无菌试管中（注意吸管或吸头尖端不要触及稀释液面），振摇试管或换用 1 支无菌吸管反复吹打使其混合均匀，制成 1∶100 的样品匀液。

④按③操作，制备 10 倍系列稀释样品匀液。每递增稀释一次，换用 1 次 1mL 无菌吸管或吸头。

⑤根据对样品污染状况的估计，选择 2~3 个适宜稀释度的样品匀液（液体样品可包括原液），在进行 10 倍递增稀释时，吸取 1mL 样品匀液于无菌平皿内，每个稀释度做两个平皿。同时，分别吸取 1mL 空白稀释液加入两个无菌平皿内作空白对照。

⑥及时将 15~20mL 冷却至 46℃ 的平板计数琼脂培养基［可放置于（46±1）℃恒温水浴箱中保温］倾注平皿，并转动平皿使其混合均匀。

（2）培养

①待琼脂凝固后，将平板翻转，（36±1）℃ 培养 48h±2h。水产品（30±1）℃ 培养72h±3h。

②如果样品中可能含有在琼脂培养基表面弥漫生长的菌落时，可在凝固后的琼脂表面覆盖一薄层琼脂培养基（约 4mL），凝固后翻转平板，按①条件进行培养。

（3）菌落计数

①可用肉眼观察，必要时用放大镜或菌落计数器，记录稀释倍数和相应的菌落数量。菌落计数以菌落形成单位（colony-forming units，CFU）表示。

②选取菌落数在 30~300CFU、无蔓延菌落生长的平板计数菌落总数。低于 30CFU 的平板记录具体菌落数，大于 300CFU 的可记录为多不可计。每个稀释度的菌落数应采用两个平板的平均数。

③其中一个平板有较大片状菌落生长时，则不宜采用，而应以无片状菌落生长的平板作为该稀释度的菌落数；若片状菌落不到平板的一半，而其余一半中菌落分布又很均匀，即可计算半个平板后乘以 2，代表一个平板菌落数。

④当平板上出现菌落间无明显界线的链状生长时，则将每条单链作为一个菌落计数。

2. 结果与报告

（1）菌落总数的计算方法

①若只有一个稀释度平板上的菌落数在适宜计数范围内，计算两个平板菌落数的平均值，再将平均值乘以相应稀释倍数，作为每 g（mL）样品中菌落总数结果。

②若有两个连续稀释度的平板菌落数在适宜计数范围内时，按式（4-1）计算：

$$N = \frac{\sum C}{(n_1 + 0.1 n_2)d} \tag{4-1}$$

式中　N——样品中菌落数；

$\sum C$——平板（含适宜范围菌落数的平板）菌落数之和；

n_1——第一稀释度（低稀释倍数）平板个数；

n_2——第二稀释度（高稀释倍数）平板个数；

d——稀释因子（第一稀释度）。

示例：

稀释度	1：100（第一稀释度）	1：1000（第二稀释度）
菌落数（CFU）	232、244	33、35

$$N = \frac{\sum C}{(n_1 + 0.1 n_2)d} = (232+244+33+35)/[2+(0.1\times2)]\times10^{-2} = 544/0.022 = 24727$$

上述数据按下面菌落总数的报告中②数字修约后，表示为 25000 或 2.5×10^4。

③若所有稀释度的平板上菌落数均大于 300CFU，则对稀释度最高的平板进行计数，其他平板可记录为多不可计，结果以平均菌落数乘最高稀释倍数表示。

④若所有稀释度的平板菌落数均小于 30CFU，则应以稀释度最低的平均菌落数乘稀释倍数表示。

⑤若所有稀释度（包括液体样品原液）平板均无菌落生长，则以小于 1 乘最低稀释倍数表示。

⑥若所有稀释度的平板菌落数均不在 30～300CFU，其中一部分<30CFU 或>300CFU 时，则以最接近 30CFU 或 300CFU 的平均菌落数乘稀释倍数表示。

（2）菌落总数的报告

①菌落数<100CFU 时，按“四舍五入”原则修约，以整数报告。

②菌落数≥100CFU 时，第 3 位数字采用“四舍五入”原则修约后，取前 2 位数字，后面用 0 代替位数；也可用 10 的指数形式来表示，按“四舍五入”原则修约后，采用两位有效数字。

③若所有平板上为蔓延菌落而无法计数，则报告菌落蔓延。

④若空白对照上有菌落生长，则此次检测结果无效。

⑤称重取样以 CFU/g 为单位报告，体积取样以 CFU/mL 为单位报告。

（五）思考题

1. 食品中菌落总数值是否就是细菌总数？为什么？
2. 在细菌菌落总数测定中，10 倍系列稀释的目的是什么？

第二节　食品及水中大肠杆菌的检测

（一）实验目的与要求

1. 了解食品中大肠杆菌检测的基本原理。

2. 掌握大肠杆菌检测的方法。

（二）实验原理

大肠杆菌广泛存在于人和温血动物的肠道中，能够在44.5℃发酵乳糖产酸产气，IMViC（靛基质、甲基红、VP试验、柠檬酸盐）生化试验为++--或-+--的革兰氏阴性杆菌。以此作为粪便污染指标来评价食品的卫生状况，推断食品中肠道致病菌污染的可能性。

本实验第一法最可能数是基于泊松分布的一种间接计数方法，简称为MPN。第二法原理是约96%的大肠杆菌产生葡萄糖苷酸酶，这种酶能使4-甲基伞形酮-β-D葡萄糖苷（MUG）分解而生成甲基伞形酮，在360~366nm紫外光照射下产生浅蓝色荧光，即大肠杆菌阳性。

（三）实验设备与材料

1. 实验设备

除微生物实验室常规灭菌及培养设备外，其他设备和材料如下：

（1）恒温培养箱　(36±1)℃。

（2）冰箱　2~5℃。

（3）恒温水浴箱　(44.5±0.2)℃。

（4）天平　感量为0.1g。

（5）均质器。

（6）振荡器。

（7）无菌吸管　1mL（具0.01mL刻度）、10mL（具0.1mL刻度）或微量移液器及吸头。

（8）无菌锥形瓶　容量500mL。

（9）无菌培养皿　直径90mm。

（10）pH计或pH比色管或精密pH试纸。

（11）菌落计数器。

（12）紫外灯　波长360~366nm，功率≤6W。

2. 培养基和试剂

（1）月桂基磺酸盐胰蛋白胨（LST）肉汤。

（2）EC（*E. coli*）肉汤。

（3）蛋白胨水。

（4）缓冲葡萄糖蛋白胨水［甲基红（MR）和V-P试验用］。

（5）西蒙氏柠檬酸盐培养基。

（6）磷酸盐缓冲液。

（7）伊红美蓝（EMB）琼脂。

（8）营养琼脂斜面。

（9）结晶紫中性红胆盐琼脂（VRBA）。

（10）结晶紫中性红胆盐-4-甲基伞形酮-β-D-葡萄糖苷琼脂（VRBA-MUG）。

（11）革兰氏染色液。

（12）Kovacs吲哚试剂。

（13）无菌 1mol/L NaOH。

（14）无菌 1mol/L HCl。

（四）实验方法与步骤

1. 样品的稀释

（1）固体和半固体样品　称取 25g 样品，放入盛有 225mL 磷酸盐缓冲液的无菌均质杯内，8000~10000r/min 均质 1~2min，制成 1∶10 样品匀液，或放入盛有 225mL 磷酸盐缓冲液的无菌均质袋中，用拍击式均质器拍打 1~2min 制成 1∶10 的样品匀液。

（2）液体样品：以无菌吸管吸取 25mL 样品置盛有 225mL 磷酸盐缓冲液的无菌锥形瓶（瓶内预置适当数量的无菌玻璃珠）中，充分混匀，制成 1∶10 的样品匀液。

（3）样品匀液的 pH 应在 6.5~7.5，必要时分别用 1mol/L NaOH 或 1mol/L HCl 调节。

（4）用 1mL 无菌吸管或微量移液器吸取 1∶10 样品匀液 1mL，沿管壁缓缓注入盛有 9mL 磷酸盐缓冲液的无菌试管中（注意吸管或吸头尖端不要触及稀释液面），振摇试管或换用 1 支 1mL 无菌吸管或吸头反复吹打，使其混合均匀，制成 1∶100 的样品匀液。

（5）根据对样品污染状况的估计，按上述操作，依次制成 10 倍递增系列稀释样品匀液。每递增稀释 1 次，换用 1 支 1mL 无菌吸管或吸头。

2. 大肠杆菌 MPN 计数（第一法）

（1）检验程序

大肠杆菌 MPN 计数的检验程序见图 4-2。

（2）操作步骤

①初发酵试验：每个样品，选择 3 个适宜的连续稀释度的样品匀液（液体样品可以选择原液），每个稀释度接种 3 管月桂基硫酸盐胰蛋白胨（LST）肉汤，每管接种 1mL（如接种量超过 1mL，则用双料 LST 肉汤），(36±1)℃培养(24±2) h，观察小导管内是否有气泡产生，(24±2) h 产气者进行复发酵试验，如未产气则继续培养(48±2) h。产气者进行复发酵试验。如所有 LST 肉汤管均未产气，即可报告大肠杆菌 MPN 结果。

②复发酵试验：用接种环从产气的 LST 肉汤管中分别取培养物 1 环，移种于已提前预温至 45℃的 EC 肉汤管中，放入带盖的（44.5±0.2)℃水浴箱内。水浴的水面应高于肉汤培养基液面，培养（24±2）h，检查小导管内是否有气泡产生，如未有产气则继续培养至（48±2）h。记录在 24h 和 48h 内产气的 EC 肉汤管数。如所有 EC 肉汤管均未产气，即可报告大肠杆菌 MPN 结果；如有产气者，则进行 EMB 平板分离培养。

③伊红美蓝平板分离培养：轻轻振摇各产气管，用接种环取培养物分别划线接种于 EMB 平板，(36±1)℃培养 18~24h。观察平板上有无具黑色中心有光泽或无光泽的典型菌落。

④营养琼脂斜面或平板培养：从每个平板上挑 5 个典型菌落，若无典型菌落则挑取可疑菌落。用接种针接触菌落中心部位，移种到营养琼脂斜面或平板上，(36±1)℃，培养 18~24h。取培养物进行革兰氏染色和生化试验。

⑤鉴定：取培养物进行吲哚试验、MR-VP 试验和柠檬酸盐利用试验。大肠杆菌与非大肠杆菌的生化鉴别见表 4-1。

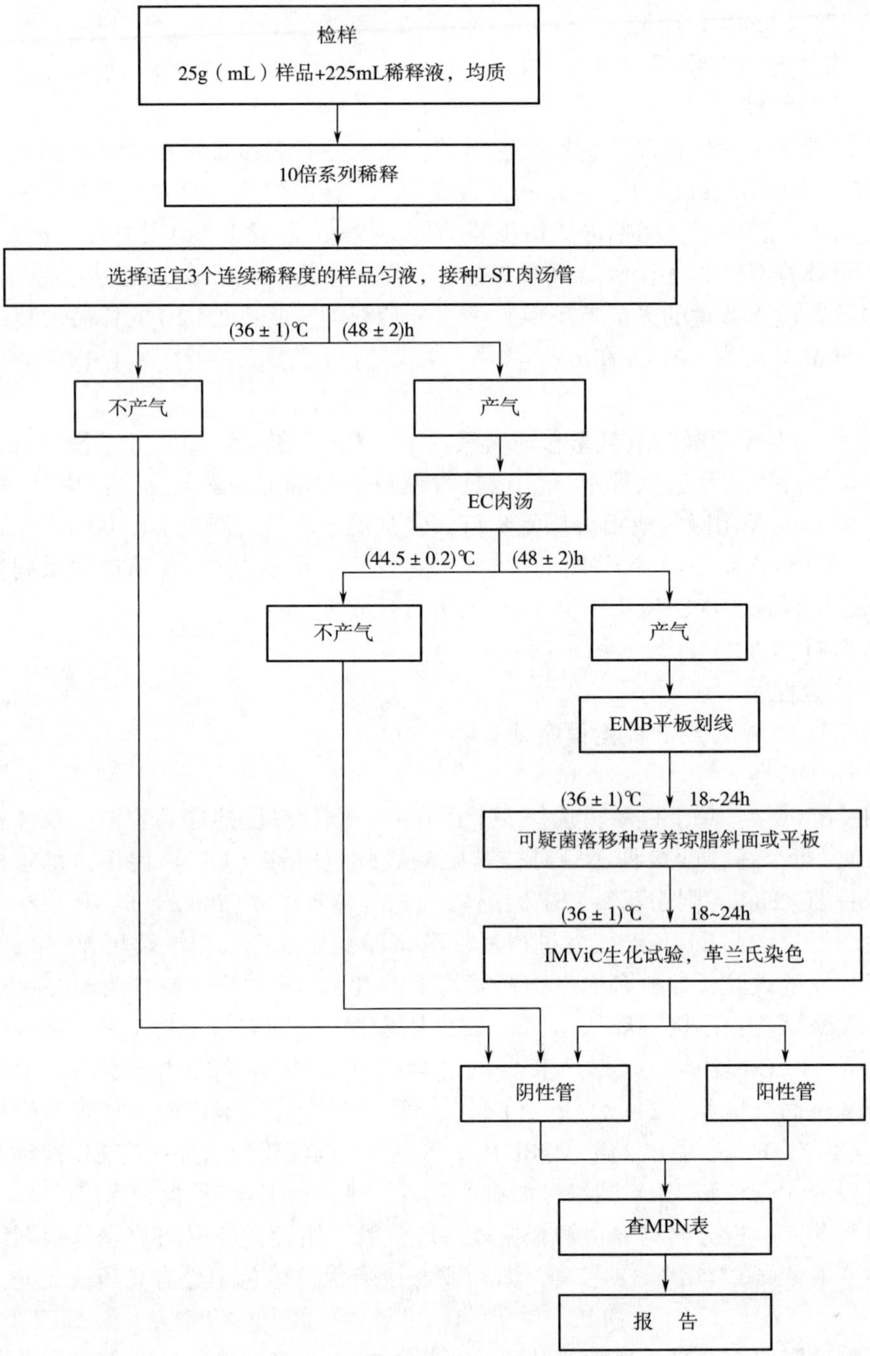

图 4-2　大肠杆菌 MPN 计数法检验程序

表 4-1　　大肠杆菌与非大肠杆菌的生化鉴别

靛基质（I）	甲基红（MR）	VP 试验（VP）	柠檬酸盐（C）	鉴定（型别）
+	+	−	−	典型大肠杆菌
−	+	−	−	非典型大肠杆菌
+	+	−	+	典型中间型
−	+	−	+	非典型中间型
−	−	+	+	典型产气肠杆菌
+	−	+	+	非典型产气肠杆菌

注：1. 如出现表 4-1 以外的生化反应类型，表明培养物可能不纯，应重新划线分离，必要时做重复试验。

2. 生化试验也可以选用生化鉴定试剂盒或全自动微生物生化鉴定系统等方法，按照产品说明书进行操作。

（3）大肠杆菌 MPN 计数的报告

大肠杆菌为革兰氏阴性无芽孢杆菌，发酵乳糖、产酸、产气，IMViC 生化试验为++--或-+--。只要有 1 个菌落鉴定为大肠杆菌，其所代表的 LST 肉汤管即为大肠杆菌阳性。依据 LST 肉汤阳性管数查 MPN 表（表 4-2），报告每 g（mL）样品中大肠杆菌 MPN 值。

表 4-2　　大肠杆菌最可能数（MPN）检索表

阳性管数			MPN	95%置信区间		阳性管数			MPN	95%置信区间	
0.10	0.01	0.001		下限	上限	0.10	0.01	0.001		下限	上限
0	0	0	<3.0	—	9.5	2	2	0	21	4.5	42
0	0	1	3.0	0.15	9.6	2	2	1	28	8.7	94
0	1	0	3.0	0.15	11	2	2	2	35	8.7	94
0	1	1	6.1	1.2	18	2	3	0	29	8.7	94
0	2	0	6.2	1.2	18	2	3	1	36	8.7	94
0	3	0	9.4	3.6	38	3	0	0	23	4.6	94
1	0	0	3.6	0.17	18	3	0	1	38	8.7	110
1	0	1	7.2	1.3	18	3	0	2	64	17	180
1	0	2	11	3.6	38	3	1	0	43	9	180
1	1	0	7.4	1.3	20	3	1	1	75	17	200
1	1	1	11	3.6	38	3	1	2	120	37	420
1	2	0	11	3.6	42	3	1	3	160	40	420
1	2	1	15	4.5	42	3	2	0	93	18	420
1	3	0	16	4.5	42	3	2	1	150	37	420
2	0	0	9.2	1.4	38	3	2	2	210	40	430
2	0	1	14	3.6	42	3	2	3	290	90	1000
2	0	2	20	4.5	42	3	3	0	240	42	1000

续表

阳性管数			MPN	95%置信区间		阳性管数			MPN	95%置信区间	
0.10	0.01	0.001		下限	上限	0.10	0.01	0.001		下限	上限
2	1	0	15	3.7	42	3	3	1	460	90	2000
2	1	1	20	4.5	42	3	3	2	1100	180	4100
2	1	2	27	8.7	94	3	3	3	>1100	420	—

注：1. 本表采用3个稀释度［0.1g（mL）、0.01g（mL）和0.001g（mL）］、每个稀释接种3管。

2. 表内所列检样量如改用1g（mL）、0.1g（mL）和0.01g（mL）时，表内数字应相应降低10倍；如改用0.01g（mL）、0.001g（mL）、0.0001g（mL）时，则表内数字应相应增高10倍，其余类推。

3. 大肠杆菌平板计数法（第二法）

本方法不适用于贝类产品的检测。

（1）检验程序

大肠杆菌平板计数法的检验程序见图4-3。

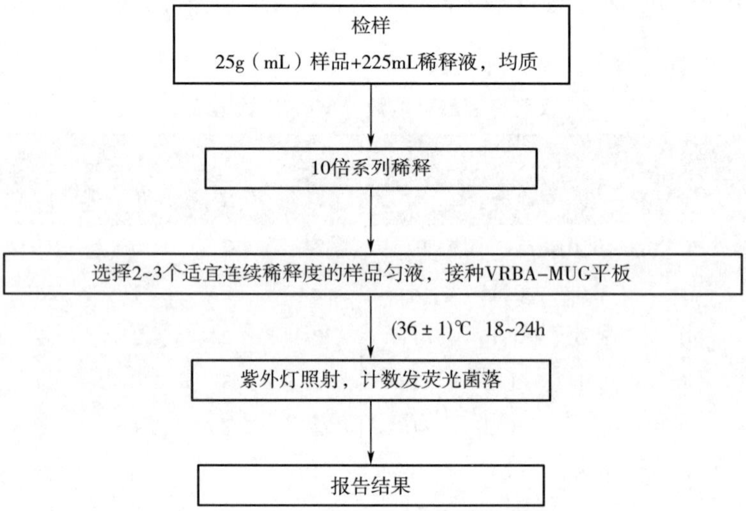

图4-3 大肠杆菌平板计数法检验程序

（2）操作步骤

①选取2~3个适宜的连续稀释度的样品匀液，每个稀释度接种2个无菌平皿，每皿1mL。同时取1mL稀释液加入无菌平皿做空白对照。

②将10~15mL冷至（45±0.5）℃的结晶紫中性红胆盐琼脂（VRBA）倾注于每个平皿中。小心旋转平皿，将培养基与样品匀液充分混匀。待琼脂凝固后，再加3~4mL VRBA-MUG覆盖平板表层。凝固后翻转平板，（36±1）℃培养18~24h。

（3）平板菌落数的选择

选择菌落数在10~100CFU的平板，暗室中360~366nm波长紫外灯照射下，计数平板上发浅蓝色荧光的菌落。

检验时用已知MUG阳性菌株（如大肠杆菌ATCC 25922）和产气肠杆菌（如ATCC

13048）做阳性和阴性对照。

（4）大肠杆菌平板计数的报告

两个平板上发荧光菌落数的平均数乘稀释倍数，报告每 g（mL）样品中大肠杆菌数，以 CFU/g（mL）表示。若所有稀释度（包括液体样品原液）平板均无菌落生长，则以小于 1 乘最低稀释倍数报告。

（五）思考题

1. 试比较两种大肠杆菌检测方法的异同。
2. 可通过哪几个典型的生化指标确定是否是大肠杆菌？

第三节　食品中霉菌和酵母菌总数的测定

（一）实验目的与要求

1. 学习与掌握用平板菌落计数食品中霉菌的原理和方法。
2. 初步掌握番茄汁中霉菌的计测方法。

（二）实验原理

本实验第一法的原理，霉菌和酵母菌总数是指食品检样经过处理，在一定条件下培养后，得到的 1g 或 1mL 检样中所含有的霉菌和酵母菌菌落数。先将待测定微生物样品按比例作一系列的稀释后，再吸取一定量某几个稀释度的菌液于无菌培养皿中，及时倒入培养基，立即摇匀。经培养后，将各平板中计得的菌落数乘以稀释倍数，即可测知单位体积的原始菌样中所含的活菌数。霉菌和细菌计数均可采用此方法，区别只在于霉菌和细菌计数所用培养基不同，另外霉菌培养所使用的温度亦不同于细菌培养。

本试验第二法原理，郝氏霉菌计数法是通过在一个标准计数玻片上计数含有霉菌菌丝的显微视野，根据制品中霉菌的残留量，对评定样品质量具有一定的参考价值。

（三）实验设备与材料

1. 实验设备

除微生物实验室常规灭菌及培养设备外，其他设备和材料如下：

（1）培养箱　(28±1)℃。

（2）拍击式均质器及均质袋。

（3）电子天平　感量 0.1g。

（4）无菌锥形瓶　容量 500mL。

（5）无菌吸管　1mL（具 0.01mL 刻度）、10mL（具 0.1mL 刻度）。

（6）无菌试管　18mm×180mm。

（7）旋涡混合器。

（8）无菌平皿　直径 90mm。

（9）恒温水浴箱　(46±1)℃。

（10）显微镜　10～100 倍。

（11）微量移液器及枪头　1.0mL。

（12）折光仪

（13）郝氏计测玻片　具有标准计测室的特制玻片。

（14）盖玻片。

（15）测微器　具有标准刻度的玻片。

2. 培养基和试剂

（1）生理盐水。

（2）马铃薯葡萄糖琼脂。

（3）孟加拉红琼脂。

（4）磷酸盐缓冲液。

（四）实验方法与步骤

食品中霉菌和酵母平板计数法（第一法）

1. 检验程序

霉菌和酵母平板计数法的检验程序见图 4-4。

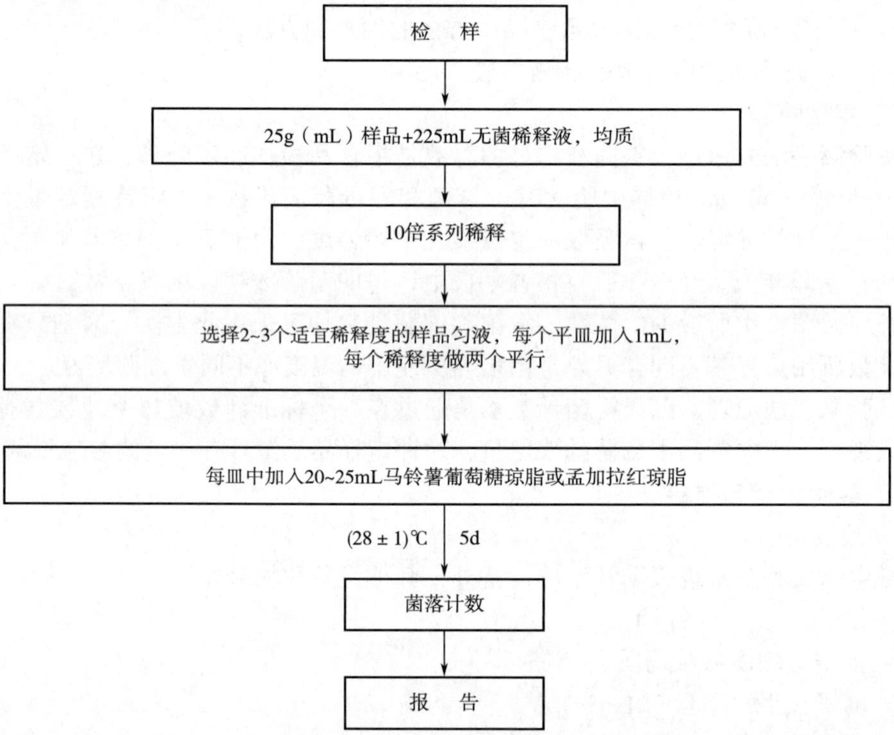

图 4-4　霉菌和酵母平板计数法的检验程序

2. 操作步骤

（1）样品的稀释

①固体和半固体样品：称取 25g 样品，加入 225mL 无菌稀释液（蒸馏水或生理盐水或磷酸盐缓冲液），充分振摇，或用拍击式均质器拍打 1~2min，制成 1∶10 的样品匀液。

②液体样品：以无菌吸管吸取 25mL 样品至盛有 225mL 无菌稀释液（蒸馏水或生理盐水或磷酸盐缓冲液）的适宜容器内（可在瓶内预置适当数量的无菌玻璃珠）或无菌均

质袋中，充分振摇或用拍击式均质器拍打 1~2min，制成 1：10 的样品匀液。

③取 1mL 1：10 样品匀液注入含有 9mL 无菌稀释液的试管中，另换一支 1mL 无菌吸管反复吹吸，或在旋涡混合器上混匀，此液为 1：100 的样品匀液。

④按③操作，制备 10 倍递增系列稀释样品匀液。每递增稀释一次，换用 1 支 1mL 无菌吸管。

⑤根据对样品污染状况的估计，选择 2~3 个适宜稀释度的样品匀液（液体样品可包括原液），在进行 10 倍递增稀释的同时，每个稀释度分别吸取 1mL 样品匀液于 2 个无菌平皿内。同时分别取 1mL 无菌稀释液加入 2 个无菌平皿作空白对照。

⑥及时将 20~25mL 冷却至 46℃ 的马铃薯葡萄糖琼脂或孟加拉红琼脂［可放置于（46±1）℃恒温水浴箱中保温］倾注平皿，并转动平皿使其混合均匀，置水平台面待培养基完全凝固。

（2）培养

琼脂凝固后，正置平板，置（28±1）℃培养箱中培养，观察并记录培养至第 5 天的结果。

（3）菌落计数

用肉眼观察，必要时可用放大镜或低倍镜，记录稀释倍数和相应的霉菌和酵母菌菌落数。以菌落形成单位（colony-forming units，CFU）表示。

选取菌落数在 10~150CFU 的平板，根据菌落形态分别计数霉菌和酵母。霉菌蔓延生长覆盖整个平板的可记录为菌落蔓延。

3. 结果与报告

（1）结果

①计算同一稀释度的两个平板菌落数的平均值，再将平均值乘相应的稀释倍数。

②若有两个稀释度平板上菌落数均在 10~150CFU，则按照 GB 4789. 2 的相应规定进行计算。

③若所有平板上菌落数均大于 150CFU，则对稀释度最高的平板进行计数，其他平板可记录为多不可计，结果以平均菌落数乘最高稀释倍数表示。

④若所有平板上菌落数均小于 10CFU，则应以稀释度最低的平均菌落数乘稀释倍数表示。

⑤若所有稀释度（包括液体样品原液）平板均无菌落生长，则以小于 1 乘最低稀释倍数表示。

⑥若所有稀释度的平板菌落数均不在 10~150CFU，其中一部分小于 10CFU 或大于 150CFU 时，则以最接近 10CFU 或 150CFU 的平均菌落数乘稀释倍数报告。

（2）报告

①菌落数按“四舍五入”原则修约。菌落数在 10 以内时，采用一位有效数字报告；菌落数在 10~100 时，采用两位有效数字报告。

②菌落数≥100 时，前第 3 位数字采用“四舍五入”原则修约后，取前 2 位数字，后面用 0 代替位数来表示结果；也可用 10 的指数形式来表示，此时也按“四舍五入”原则修约，采用两位有效数字。

③若空白对照平板上有菌落出现，则此次检测结果无效。

④称重取样以 CFU/g 为单位报告，体积取样以 CFU/mL 为单位报告，报告或分别报告霉菌和/或酵母数。

霉菌直接镜检计数法（第二法）

本方法适用于番茄酱、番茄汁中霉菌的计数。

1. 检样的制备：取适量检样，加蒸馏水稀释至折射率为 1.3447~1.3460（即浓度为 7.9%~8.8%），备用。

2. 显微镜标准视野的校正：将显微镜按放大率 90~125 倍调节标准视野，使其直径为 1.382mm。

3. 涂片：洗净郝氏计测玻片，将制好的标准液用玻璃棒均匀的摊布于计测室，加盖玻片，以备观察。

4. 观测：将制好的载玻片置于显微镜标准视野下进行观测。一般每一检样每人观察 50 个视野。同一检样应由两人进行观察。

5. 结果与计算：在标准视野下，发现有霉菌菌丝其长度超过标准视野（1.382mm）的 1/6 或三根菌丝总长度超过标准视野的 1/6（即测微器的一格）时即记录为阳性（+），否则记录为阴性（-）。

6. 报告：报告每 100 个视野中全部阳性视野数为霉菌的视野百分数（视野%）。

根据霉菌数含义，其计算式如式 4-2 所示：

$$\text{霉菌数} = \frac{\text{阳性视野数}}{100} \times 100\% \tag{4-2}$$

（五）思考题

1. 用平板菌落计数法计数霉菌为什么要在培养基中加入孟加拉红和氯霉素？

2. 郝氏霉菌计测过程中要注意什么？

第四节　食品中金黄色葡萄球菌的检验

（一）实验目的与要求

1. 了解金黄色葡萄球菌检验原理。

2. 掌握金黄色葡萄球菌在特定平板上的菌落特征。

（二）实验原理

本实验第一法和第二法，金黄色葡萄球菌在血平板上生长时，因产生金黄色色素使菌落呈金黄色；由于产生溶血素使菌落周围形成大而透明的溶血圈。Baird-Parker 琼脂培养基中的氯化锂可抑制革兰氏阴性菌生长；丙酮酸钠可刺激金黄色葡萄球菌生长；金黄色葡萄球菌因将亚碲酸钾还原成碲酸钾使菌落呈灰黑色；因产生酯酶使菌落周围有一浑浊带；在肉汤中生长时，菌体可生成血浆凝固酶并释放于培养基中，被血浆中的致活剂激活后，可使血浆中的液态纤维蛋白原变成固态纤维蛋白，血浆因而呈凝固状态。第一法适用于食品中金黄色葡萄球菌的定性检验；第二法适用于金黄色葡萄球菌含量较高的食品中金黄色葡萄球菌的计数。

第三法采用 MPN 法测定食品中金黄色葡萄球菌的含量，该法适用于金黄色葡萄球菌含量较低的食品中金黄色葡萄球菌的计数。

（三）实验设备与材料

1. 实验设备

除微生物实验室常规灭菌及培养设备外，其他设备和材料如下：

（1）恒温培养箱　(36±1)℃。

（2）冰箱　2~5℃。

（3）恒温水浴箱　36~56℃。

（4）天平　感量 0.1g。

（5）均质器。

（6）振荡器。

（7）无菌吸管　1mL（具 0.01mL 刻度）、10mL（具 0.1mL 刻度）或微量移液器及吸头。

（8）无菌锥形瓶　容量 100mL、500mL。

（9）无菌培养皿　直径 90mm。

（10）涂布棒。

（11）pH 计或 pH 比色管或精密 pH 试纸。

2. 培养基和试剂

（1）7.5%氯化钠肉汤。

（2）血琼脂平板。

（3）Baird-Parker 琼脂平板。

（4）脑心浸出液肉汤（BHI）。

（5）兔血浆。

（6）稀释液　磷酸盐缓冲液。

（7）营养琼脂小斜面。

（8）革兰氏染色液。

（9）无菌生理盐水。

（四）实验方法与步骤

金黄色葡萄球菌定性检验（第一法）

1. 检验程序

金黄色葡萄球菌定性检验程序见图 4-5。

2. 操作步骤

（1）样品的处理　称取 25g 样品至盛有 225mL 7.5%氯化钠肉汤的无菌均质杯内，8000~10000r/min 均质 1~2min，或放入盛有 225mL 7.5%氯化钠肉汤无菌均质袋中，用拍击式均质器拍打 1~2min。若样品为液态，吸取 25mL 样品至盛有 225mL 7.5%氯化钠肉汤的无菌锥形瓶（瓶内可预置适当数量的无菌玻璃珠）中，振荡混匀。

（2）增菌　将上述样品匀液于 (36±1)℃培养 18~24h。金黄色葡萄球菌在 7.5%氯化钠肉汤中呈混浊生长。

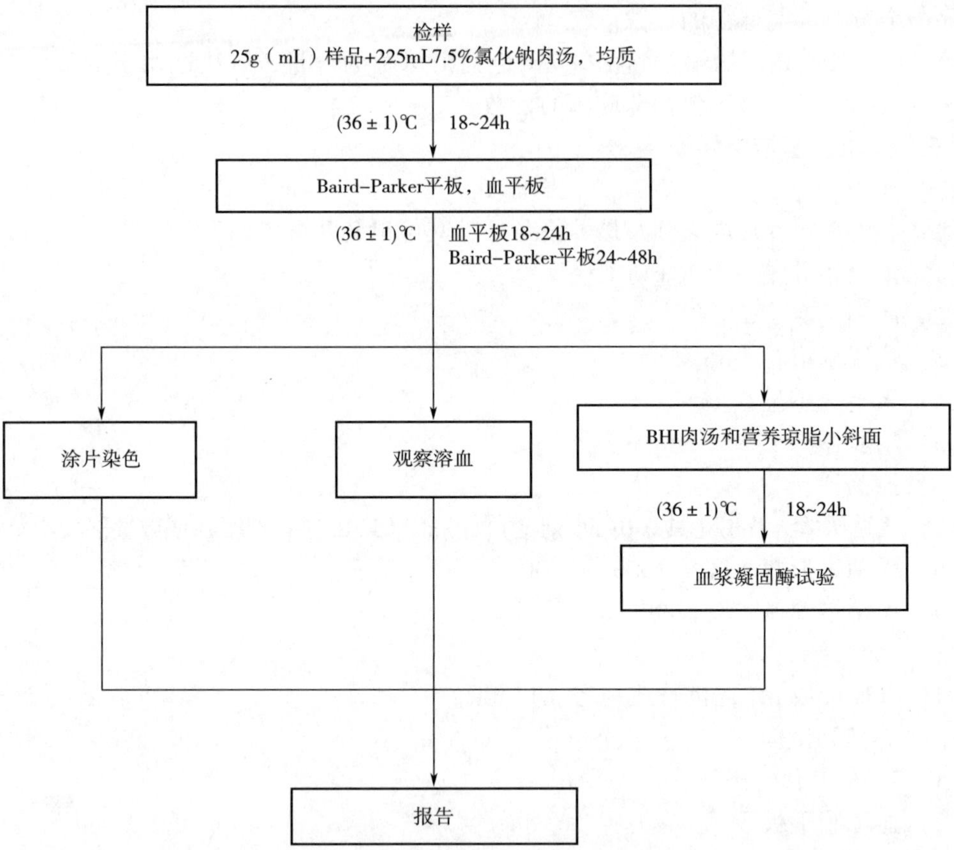

图 4-5　金黄色葡萄球菌检验程序

(3) 分离　将增菌后的培养物，分别划线接种到 Baird-Parker 平板和血平板，血平板（36±1)℃培养 18~24h。Baird-Parker 平板（36±1)℃培养 24~48h。

(4) 初步鉴定　金黄色葡萄球菌在 Baird-Parker 平板上呈圆形，表面光滑、凸起、湿润、菌落直径为 2~3mm，颜色呈灰黑色至黑色，有光泽，常有浅色（非白色）的边缘，周围绕以不透明圈（沉淀），其外常有一清晰带。当用接种针触及菌落时具有黄油样黏稠感。有时可见到不分解脂肪的菌株，除没有不透明圈和清晰带外，其他外观基本相同。从长期贮存的冷冻或脱水食品中分离的菌落，其黑色常较典型菌落浅些，且外观可能较粗糙，质地较干燥。在血平板上，形成菌落较大，圆形、光滑凸起、湿润、金黄色（有时为白色），菌落周围可见完全透明溶血圈。挑取上述可疑菌落进行革兰氏染色镜检及血浆凝固酶试验。

(5) 确证鉴定

①染色镜检：金黄色葡萄球菌为革兰氏阳性球菌，排列呈葡萄球状，无芽孢，无荚膜，直径为 0.5~1μm。

②血浆凝固酶试验：挑取 Baird-Parker 平板或血平板上至少 5 个可疑菌落（小于 5 个全选），分别接种到 5mL BHI 和营养琼脂小斜面，(36±1)℃培养 18~24h。

取新鲜配制兔血浆 0.5mL，放入小试管中，再加入 BHI 培养物 0.2~0.3mL，振荡摇匀，置 36℃±1℃恒温箱或水浴箱内，每半小时观察一次，观察 6h，如呈现凝固（即将试管倾斜或倒置时，呈现凝块）或凝固体积大于原体积的一半，被判定为阳性结果。同时以血浆凝固酶试验阳性和阴性葡萄球菌菌株的肉汤培养物作为对照。也可用商品化的试剂，按说明书操作，进行血浆凝固酶试验。

结果如可疑，挑取营养琼脂小斜面的菌落到 5mL BHI，(36±1)℃培养 18~48h，重复试验。

（6）葡萄球菌肠毒素的检验（选做）

可疑食物中毒样品或产生葡萄球菌肠毒素的金黄色葡萄球菌菌株的鉴定，应按附录 B 检测葡萄球菌肠毒素。

3. 结果与报告

（1）结果判定：符合 2（4）、2（5），可判定为金黄色葡萄球菌。

（2）结果报告：在 25g（mL）样品中检出或未检出金黄色葡萄球菌。

金黄色葡萄球菌平板计数法（第二法）

1. 检验程序

金黄色葡萄球菌平板计数法检验程序见图 4-6。

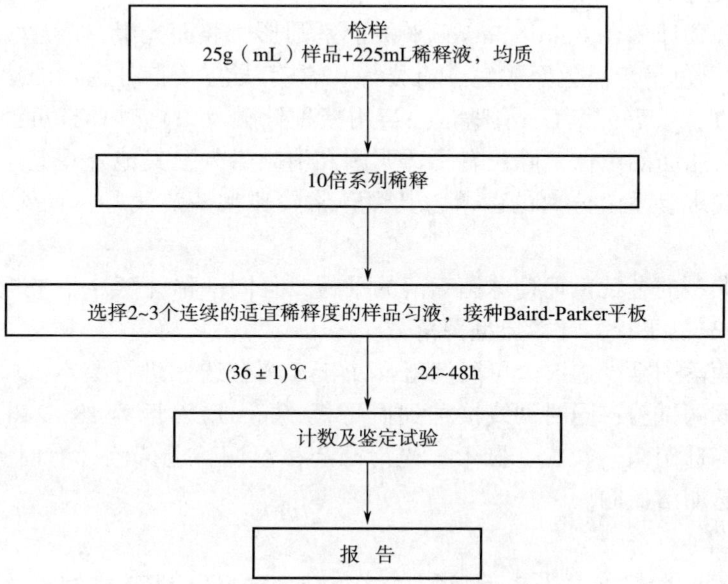

图 4-6　金黄色葡萄球菌平板计数法检验程序

2. 操作步骤

（1）样品的稀释

①固体和半固体样品：称取 25g 样品置于盛有 225mL 磷酸盐缓冲液或生理盐水的无菌均质杯内，8000~10000r/min 均质 1~2min，或置于盛有 225mL 稀释液的无菌均质袋中，用拍击式均质器拍打 1~2min，制成 1∶10 的样品匀液。

②液体样品：以无菌吸管吸取 25mL 样品置于盛有 225mL 磷酸盐缓冲液或生理盐水

的无菌锥形瓶（瓶内预置适当数量的无菌玻璃珠）中，充分混匀，制成 1∶10 的样品匀液。

③用 1mL 无菌吸管或微量移液器吸取 1∶10 样品匀液 1mL，沿管壁缓慢注于盛有 9mL 磷酸盐缓冲液或生理盐水的无菌试管中（注意吸管或吸头尖端不要触及稀释液面），振摇试管或换用 1 支 1mL 无菌吸管反复吹打使其混合均匀，制成 1∶100 的样品匀液。

④按③操作程序，制备 10 倍系列稀释样品匀液。每递增稀释一次，换用 1 次 1mL 无菌吸管或吸头。

（2）样品的接种

根据对样品污染状况的估计，选择 2~3 个适宜稀释度的样品匀液（液体样品可包括原液），在进行 10 倍递增稀释的同时，每个稀释度分别吸取 1mL 样品匀液以 0.3mL、0.3mL、0.4mL 接种量分别加入三块 Baird-Parker 平板，然后用无菌涂布棒涂布整个平板，注意不要触及平板边缘。使用前，如 Baird-Parker 平板表面有水珠，可放在 25~50℃的培养箱里干燥，直到平板表面的水珠消失。

（3）培养

在通常情况下，涂布后，将平板静置 10min，如样液不易吸收，可将平板放在培养箱（36±1）℃培养 1h；等样品匀液吸收后翻转平板，倒置后于（36±1）℃培养 24~48h。

（4）典型菌落计数和确认

①金黄色葡萄球菌在 Baird-Parker 平板上呈圆形，表面光滑、凸起、湿润、菌落直径为 2~3mm，颜色呈灰黑色至黑色，有光泽，常有浅色（非白色）的边缘，周围绕以不透明圈（沉淀），其外常有一清晰带。当用接种针触及菌落时具有黄油样黏稠感。有时可见到不分解脂肪的菌株，除没有不透明圈和清晰带外，其他外观基本相同。从长期贮存的冷冻或脱水食品中分离的菌落，其黑色常较典型菌落浅些，且外观可能较粗糙，质地较干燥。

②选择有典型的金黄色葡萄球菌菌落的平板，且同一稀释度 3 个平板所有菌落数合计在 20~200CFU 的平板，计数典型菌落数。

③从典型菌落中至少选 5 个可疑菌落（小于 5 个全选）进行鉴定试验。分别做染色镜检，血浆凝固酶试验；同时划线接种到血平板（36±1）℃培养 18~24h 后观察菌落形态，金黄色葡萄球菌菌落较大，圆形、光滑凸起、湿润、金黄色（有时为白色），菌落周围可见完全透明溶血圈。

3. 结果计算

（1）若只有一个稀释度平板的典型菌落数在 20~200CFU，计数该稀释度平板上的典型菌落，按式（4-3）计算。

（2）若最低稀释度平板的典型菌落数小于 20CFU，计数该稀释度平板上的典型菌落，按式（4-3）计算。

（3）若某一稀释度平板的典型菌落数大于 200CFU，但下一稀释度平板上没有典型菌落，计数该稀释度平板上的典型菌落，按式（4-3）计算。

（4）若某一稀释度平板的典型菌落数大于 200CFU，而下一稀释度平板上虽有典型菌落但不在 20~200CFU 范围内，应计数该稀释度平板上的典型菌落，按式（4-3）计算。

（5）若2个连续稀释度的平板典型菌落数均在20~200CFU，按式（4-4）计算。

（6）计算公式

$$T = \frac{AB}{Cd} \tag{4-3}$$

式中　T——样品中金黄色葡萄球菌菌落数；

A——某一稀释度典型菌落的总数；

B——某一稀释度鉴定为阳性的菌落数；

C——某一稀释度用于鉴定试验的菌落数；

d——稀释因子。

$$T = \frac{A_1B_1/C_1 + A_2B_2/C_2}{1.1d} \tag{4-4}$$

式中　T——样品中金黄色葡萄球菌菌落数；

A_1——第一稀释度（低稀释倍数）典型菌落的总数；

B_1——第一稀释度（低稀释倍数）鉴定为阳性的菌落数；

C_1——第一稀释度（低稀释倍数）用于鉴定试验的菌落数；

A_2——第二稀释度（高稀释倍数）典型菌落的总数；

B_2——第二稀释度（高稀释倍数）鉴定为阳性的菌落数；

C_2——第二稀释度（高稀释倍数）用于鉴定试验的菌落数；

1.1——计算系数；

d——稀释因子（第一稀释度）。

4. 报告

根据3中公式计算结果，报告每g（mL）样品中金黄色葡萄球菌数，以CFU/g（mL）表示；如T值为0，则以小于1乘最低稀释倍数报告。

金黄色葡萄球菌 MPN 计数（第三法）

1. 检验程序

金黄色葡萄球菌MPN计数检验程序见图4-7。

2. 操作步骤

（1）样品的稀释

按第二法样品稀释程序进行。

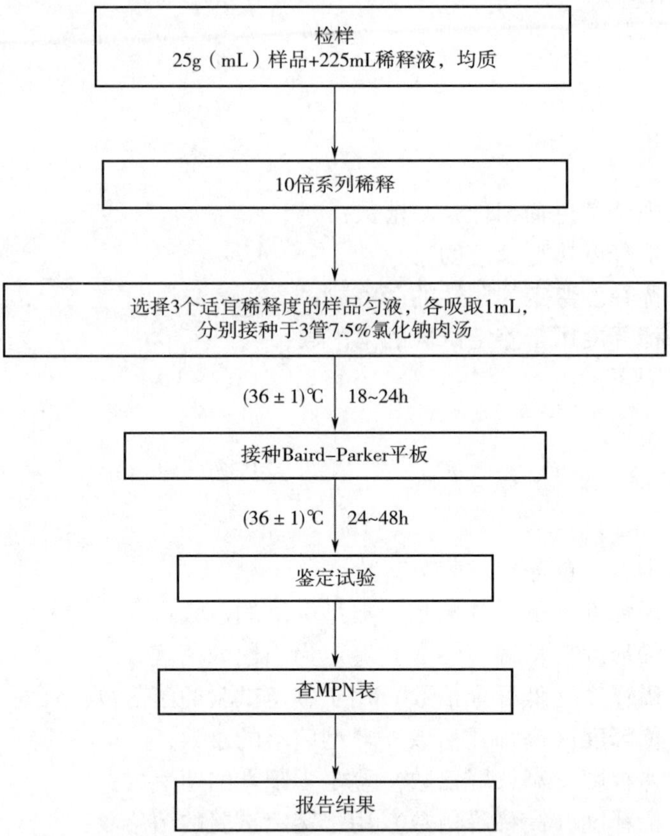

图 4-7　金黄色葡萄球菌 MPN 法检验程序

（2）接种和培养

①根据对样品污染状况的估计，选择 3 个适宜稀释度的样品匀液（液体样品可包括原液），在进行 10 倍递增稀释的同时，每个稀释度分别接种 1mL 样品匀液至 7.5%氯化钠肉汤管（如接种量超过 1mL，则用双料 7.5%氯化钠肉汤），每个稀释度接种 3 管，将上述接种物于（36±1）℃培养 18～24h。

②用接种环从培养后的 7.5%氯化钠肉汤管中分别取培养物 1 环，移种于 Baird-Parker 平板于（36±1）℃培养，24～48h。

（3）典型菌落确认

按第二法中 2（4）①、2（4）③进行。

3. 结果与报告

根据证实为金黄色葡萄球菌阳性的试管管数，查 MPN 检索表（表 4-3），报告每 g（mL）样品中金黄色葡萄球菌的最可能数，以 MPN/g（mL）表示。

表 4-3　　金黄色葡萄球菌最可能数（MPN）检索表

阳性管数			MPN	95%置信区间		阳性管数			MPN	95%置信区间	
0.10	0.01	0.001		下限	上限	0.10	0.01	0.001		下限	上限
0	0	0	<3.0	—	9.5	2	2	0	21	4.5	42
0	0	1	3.0	0.15	9.6	2	2	1	28	8.7	94
0	1	0	3.0	0.15	11	2	2	2	35	8.7	94
0	1	1	6.1	1.2	18	2	3	0	29	8.7	94
0	2	0	6.2	1.2	18	2	3	1	36	8.7	94
0	3	0	9.4	3.6	38	3	0	0	23	4.6	94
1	0	0	3.6	0.17	18	3	0	1	38	8.7	110
1	0	1	7.2	1.3	18	3	0	2	64	17	180
1	0	2	11	3.6	38	3	1	0	43	9	180
1	1	0	7.4	1.3	20	3	1	1	75	17	200
1	1	1	11	3.6	38	3	1	2	120	37	420
1	2	0	11	3.6	42	3	1	3	160	40	420
1	2	1	15	4.5	42	3	2	0	93	18	420
1	3	0	16	4.5	42	3	2	1	150	37	420
2	0	0	9.2	1.4	38	3	2	2	210	40	430
2	0	1	14	3.6	42	3	2	3	290	90	1000
2	0	2	20	4.5	42	3	3	0	240	42	1000
2	1	0	15	3.7	42	3	3	1	460	90	2000
2	1	1	20	4.5	42	3	3	2	1100	180	4100
2	1	2	27	8.7	94	3	3	3	>1100	420	—

注：1. 本表采用 3 个稀释度［0.1g（mL）、0.01g（mL）和 0.001g（mL）］、每个稀释度接种 3 管。

2. 表内所列检样量如改用 1g（mL）、0.1g（mL）和 0.01g（mL）时，表内数字应相应降低 10 倍；如改用 0.01g（mL）、0.001g（mL）、0.0001g（mL）时，则表内数字应相应增高 10 倍，其余类推。

（五）思考题

1. 金黄色葡萄球菌在 Baird-Parker 平板上的菌落特征如何？为什么？
2. 为什么采用血浆凝固酶试验来决定金黄色葡萄球菌的致病性？

第五章 CHAPTER 5

食品微生物学综合应用实验

第一节　食品中乳酸菌的分离及应用

（一）实验目的与要求

1. 学习从发酵食品中分离纯化乳酸菌的方法。
2. 了解乳酸菌的初步鉴定方法。
3. 初步掌握乳酸菌活力测定的一般方法。
4. 了解乳酸菌在乳的发酵和泡菜腌制过程中所起的作用。

（二）实验原理

乳酸菌（lactic acid bacteria，LAB）是一类能利用可发酵碳水化合物产生大量乳酸的无芽孢、革兰氏染色阳性细菌的通称。大量研究表明，乳酸菌具有特殊的生理活性和保健功能，目前已广泛应用于发酵酸乳、乳酸菌饮料、干酪、发酵豆乳、腌渍物、发酵肉制品及微生态制剂等许多方面。常用的乳酸菌菌株包括：乳杆菌、乳链球菌、双歧杆菌等。长期科学研究结果表明，以乳酸菌为代表的益生菌具有重要的生理功能，是人体必不可少的有益菌，它们数量的多和少，直接影响到人的健康与否，直接影响到人的寿命长短，科学家长期研究的结果证明，乳酸菌对人的健康与长寿非常重要（图 5-1）。

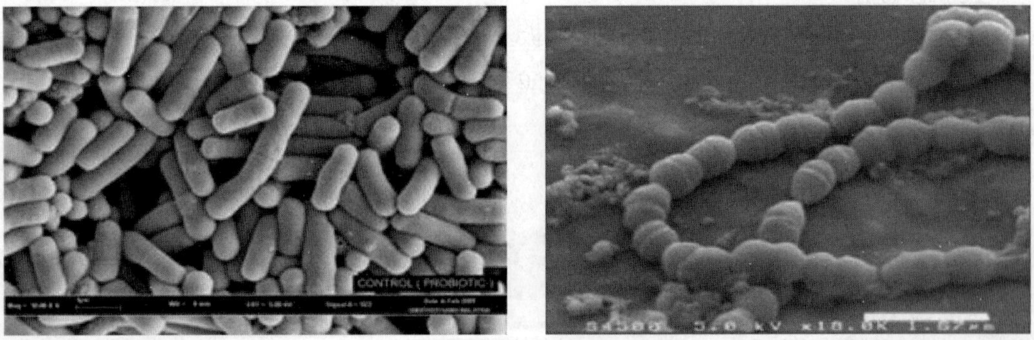

图 5-1　发酵酸奶的保加利亚乳杆菌（左）与嗜热链球菌（右）扫描电镜图

酸乳和泡菜是两种常见的乳酸菌发酵制品，在世界范围内尤其是亚洲人群的饮食中广受欢迎。其富含乳酸菌及其他有益微生物，能刺激食欲、改善肠道菌群与通便等。酸乳中的保加利亚乳杆菌在15℃时不生长，在45℃时甚至50℃时生长，最适生长温度为40~43℃；而在泡菜中的植物乳杆菌在15℃时生长，45℃时一般不生长。最适生长温度在30℃左右。因此，利用这些特点可对不同发酵食品中的乳酸菌做初步的分离与鉴定。

对于发酵食品来说，风味好坏是评价其制作工艺的重要指标。酸乳风味的形成与乳酸菌发酵过程代谢产生的多种物质有关，而这些物质的产生与乳酸菌的产酸能力、发酵速度等活力指标有密切关系。目前，较简便的活力测定指标包括：凝乳时间、产酸和活菌数量。因此，可通过测定接种后的凝乳时间、发酵乳的酸度以及活菌数量来表征酸乳风味。泡菜作为传统发酵食品，由于采用自然发酵工艺，也面临着发酵周期长、品质不稳定、受季节影响大、风味不佳及保质期短等缺点。随着食品工业的发展，使用纯种乳酸菌接种发酵泡菜可以很好地克服这些缺陷，成为泡菜发展的趋势。因此，评价乳酸菌在发酵食品中的活力指标尤为关键。

（三）实验材料

1. 材料

酸乳1瓶、泡菜汁1管。

2. 培养基及试剂

酸化MRS固体培养基、MRS液体培养基、9mL的无菌生理盐水、灭菌$CaCO_3$（用纸包着）、革兰氏染色液、乳酸标样、滤纸等。

3. 仪器及用具

超净工作台、恒温培养箱、鼓风干燥箱、高压蒸汽灭菌锅、冰箱、生物油镜显微镜、碱式滴定仪、M750-B型多功能紫外可见光分光光度计、天平、无菌培养皿、1mL移液枪、1mL无菌枪头、无菌吸管、试管、烧杯、量筒、酒精灯、接种针、载玻片、封口膜、食品级塑料杯、泡菜缸等。

（四）实验方法与步骤

1. 样品稀释

无菌吸取1mL酸乳和泡菜汁分别加入9mL的无菌生理盐水中，在涡旋混合仪上充分混匀，即成10：1的样品稀释液，再根据对样品含菌量的估计，依次按一定倍数进行系列稀释，制成不同稀释度的稀释液，并用记号笔标明稀释度。

2. 倒平板

选用2~3个适宜浓度的稀释液，分别吸取1mL注入平皿内，然后倒入事先熔化并冷却至50℃左右的MRS固定培养基中，迅速转动平皿使之混合混匀，待冷却凝固后倒置，分别于30℃和40℃恒温培养箱中培养48h（酸乳样品放在40℃条件下培养，泡菜汁样品放在30℃条件下培养）。

取适宜稀释度的稀释液1mL于无菌培养皿中。以无菌操作按大约30g/L的量把灭菌的$CaCO_3$加入熔化了的MRS培养基中，于自来水中迅速冷却培养基至50℃左右（手感觉到有点烫，但能长时间握住），边冷却边摇晃使$CaCO_3$混匀，但不得产生气泡。立刻倒入到培养皿中，摇匀。

3. 分离

培养 24~48h 后观察菌落特征，无菌操作从培养好的酸乳和泡菜汁样品的固定平皿中分别挑取可疑单菌落接种于 MRS 液体培养基，分别置于 30℃和 40℃恒温培养箱中培养。

4. 乳酸菌的初步鉴定

（1）镜检　培养 24h 后，挑取各平皿中的单菌落进行涂片做革兰氏染色，显微镜下观察其形态特征。通过镜检，初步确定所分离的酸乳中的乳酸菌是乳杆菌还是链球菌，以及泡菜汁中的是否为乳杆菌。

（2）溶钙圈筛选　挑取通过镜检的单菌落用 1mL 的无菌生理盐水稀释，并置于无菌培养皿中。以无菌操作按大约 30g/L 的量把灭菌的 $CaCO_3$ 加入融化了的 MRS 培养基中，于自来水中迅速冷却培养基至 50℃左右（手感觉到有点烫，但能长时间握住），边冷却边摇晃使 $CaCO_3$ 混匀，但不得产生气泡。立刻倒入到培养皿中，摇匀。然后分别置于 30℃和 40℃恒温培养箱中培养 48h（酸乳样品放在 40℃条件下培养，泡菜汁样品放在 30℃条件下培养）。

挑选溶钙圈大，培养基变黄的菌落，并将其划线纯化。挑取纯化菌株接种到装有 300mL MRS 培养液的锥形瓶中，分别置于 30℃和 40℃恒温培养箱中培养 48h。各取 10mL 发酵液经 3000 × g 离心 5min，测其上清液的产酸率及对乳酸定性分析。

①产酸率：以酚酞为指示剂，用 0. 1mol/L 氢氧化钠溶液滴定发酵上清液，结果以乳酸百分含量表示，如式 5-1 所示。

$$乳酸(\%)=\frac{N_{NaOH}V_{NaOH}\times 0.09}{V_{样品}}\times 100 \tag{5-1}$$

②乳酸定性分析：采用纸层析分析法，并将上述发酵上清液采用纸层析法检测乳酸的产生情况，层析液为正丁醇：甲酸：水=10：2：15（体积比）。

5. 凝固型酸乳制作工艺流程

（1）发酵培养基的制备　在食品级塑料杯中称取 2g 蔗糖，加入 50mL 纯牛奶，充分混合搅拌。再使用双层套杯和封口膜，将混合液体杯口密封。密封完成后，将液体在 80~85℃，灭菌处理 10~15s，将液体冷却至 35~40℃，使之成为合格的制作饮料培养基质。

（2）接种　采用对比试验模式，将分离纯化的保加利亚乳杆菌和嗜热链球菌与市场购买的瓶装酸奶分别作为种子实验。分别取 5%接种量种子液，接入相同的发酵培养基中，将培养基摇匀，使用封口膜密封。

（3）发酵　将接种后的培养基酸乳瓶置于 40℃恒温箱中培养，培养时间 12~16h。在培养过程中观察培养液，当培养液出现凝乳时应立即停止培养，记录凝乳时间。随后将培养液转入 4~5℃冷藏 6h 以上，完成酸乳的后熟阶段，使酸乳 pH 达到 4~4. 5，同时确保酸乳凝块均匀致密，无乳清析出，无气泡，获得较好口感和特有风味。

（4）酸乳的感官评定　以香味、口感以及乳酸率为指标对不同菌种发酵的酸乳进行感官评定。

6. 泡菜小规模发酵生产

酸菜是中国人喜爱的一种蔬菜腌制品，通常以清水、淡盐水或6%~7%的盐水腌制，进行乳酸发酵，酸分积累达到1%~2%时，可以长期保存。其生产工艺流程如下：

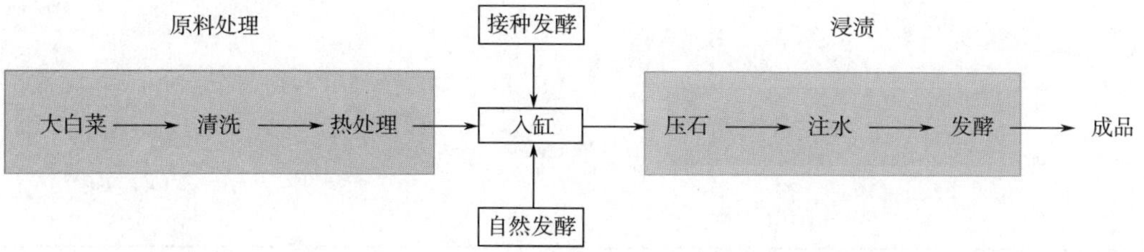

（1）原料处理　选优质大白菜，收获后晒1~2d或不晒，除去黄烂叶及老叶，削去菜根，用水冲洗干净，滴干明水，大棵菜切1~2刀，只切叶帮，叶肉部不切断，然后在沸水中烫1~2min，先烫叶帮，后放整株，使叶帮略呈透明为度，捞出冷水中冷却。

（2）入缸　试验设置自然发酵与接种发酵两组，进行对比观察。将烫好的原料层层交错排列或成辐射状排列在两个缸中，层层压紧。其中，接种发酵组加入纯化分离后的乳酸菌株。

（3）浸渍　加压重石，灌入清水，淹没过原料10cm左右。发酵温度控制在35℃，每隔一定时间，取样进行感官评价，给其风味、色泽打分，取平均值，判断自然发酵和接种发酵达到成熟所需时间。

（五）注意事项

1. 酸乳中的保加利亚乳杆菌：菌落周围产生$CaCO_3$的溶解圈，发酵上清液经纸层析测定证明产乳酸。菌落直径1~3mm，无色素，呈白色至淡灰色，菌落表面较粗糙。革兰氏染色镜检阳性，杆状，细胞较长，细胞宽约2μm，有时呈线形，幼龄培养物中细胞以单生或成对为主。

2. 酸乳中的嗜热链球菌：菌落周围产生$CaCO_3$的溶解圈，发酵上清液经纸层析测定证明产乳酸。菌落直径1~3mm，黄白色，中部有凸起，边缘不规则。革兰氏染色镜检阳性，细胞呈圆形，宽1~1.5μm，成对存在，也有三个在一起生长的情况。

3. 泡菜汁中的植物乳杆菌：菌落周围产生$CaCO_3$的溶解圈，发酵上清液经纸层析测定证明产乳酸。菌落直径1~3mm，乳白色，偶有浓或暗黄色。革兰氏染色镜检阳性，细胞呈杆状，菌体大小（0.9~1.2）μm×（3~8）μm。以单生、成对或短链排列。

4. 由于乳酸杆菌的耐酸性较强，所以应采用酸化MRS固定培养基，这样有利于分离到目的菌。

5. 出现$CaCO_3$溶解圈仅能说明该菌产酸，不能证明就是乳酸菌，要确定还必须做有机酸的测定。最简便和常用的方法就是纸层析法。

（六）实验结果

根据表5-1至表5-5进行结果判定。

表 5-1 乳酸菌形态特征描述

菌株	菌落特征	细胞形态	革兰氏染色结果
1			
2			
3			
4			
5			

表 5-2 乳酸菌株产酸率

菌株	1	2	3	4	5	6
溶钙圈/mm						
产酸率/%						

表 5-3 乳酸与发酵液纸层析的 Rf 值

层析样	Rf 值
乳酸	
发酵液 1	
发酵液 2	

表 5-4 不同酸乳制品的感官评价

接入菌种	感官指标		
	香味	口感	乳酸率/%
保加利亚乳杆菌			
嗜热链球菌			
市售酸奶			

表 5-5 自然发酵和接种发酵感官评价

发酵方式	感官指标		
	风味	色泽	平均值
自然发酵			
接种发酵			

（七）思考题

1. 培养基中加入 $CaCO_3$ 的目的是什么？
2. 培养基熔化后为什么要立即用冷水冷却？
3. 测定乳酸菌活力指标有哪些？
4. 乳酸菌在酸乳和泡菜制作中发挥的作用？

第二节　酒曲中根霉菌和酵母菌的分离及应用

（一）实验目的与要求

1. 学习从酒曲中分离纯化根霉菌和酵母菌的方法。
2. 学习并掌握观察根霉菌和酵母菌形态特征及其菌落形态鉴别的基本方法。
3. 初步掌握根霉菌和酵母菌混合培养发酵制作酒酿的工艺。
4. 了解根霉菌和酵母菌在发酵酿酒过程中发挥的作用。

（二）基本原理

米酒，又称甜酒、酒酿或醪糟，是中华民族的传统特产，有悠久的食用历史。目前在民间有不少祖传至今的米酒生产专业户，尤其是在湖北孝感地区。传统制作米酒需使用酒曲，也称酒药。

图 5-2　根霉菌丝及菌落形态

（1）根霉气生菌丝显微结构　（2）根霉菌丝显微结构　（3）根霉菌落形态

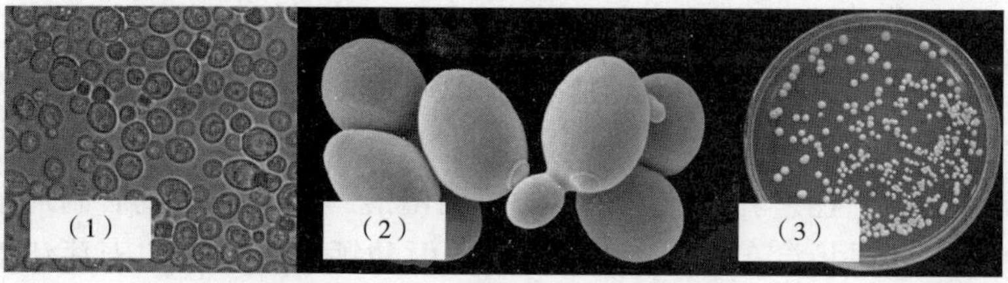

图 5-3　酿酒酵母细胞及菌落形态

（1）酿酒酵母细胞显微结构　（2）酿酒酵母细胞三维显微结构　（3）酿酒酵母菌落形态

甜酒药中含有根霉、酵母、细菌等多种微生物，菌群复杂，种类繁多，但以根霉和酵母菌为优势菌种。酒药中的根霉产生的淀粉酶活力较强，包括液化型淀粉酶和糖化型淀粉酶，在这些糖酶的作用下淀粉大分子逐渐转化为小分子糊精和葡萄糖，所生成的葡萄糖作为可发酵性糖被酒药中的酵母或野生酵母利用，促使酵母大量繁殖，其中部分葡萄糖经过糖酵解途径生成乙醇；米饭的蛋白质也可在微生物分泌的蛋白水解酶的催化下生成小分子的多肽和氨基酸。此外，酒曲中存在的其他微生物的活动，可将一部分醇转化为酸等成分，所生成的这些小分子成分进一步通过酯化反应、美拉德反应使成品的色泽、风味进一步优化。然而，作坊式生产酒曲易受季节、气候及温湿度的影响，不同季节不同批次培养的菌种质量不均一、不稳定，同时很容易混入有害的菌株，使产品的食用安全性大为降低。因此，对传统酒曲中优势的根霉及酵母菌进行分离、鉴定，并对分离的根霉及酵母菌进行混合培养制作酒曲，是保证酒曲质量稳定和食用安全性的必要前提。

（三）实验材料

1. 菌种

“浓缩甜酒药”“甜酒药”“白药”或小曲。

2. 培养基

糯米饭、马铃薯葡萄糖琼脂培养基（PDA）、麦芽汁琼脂培养基、葡萄糖发酵液培养基。

3. 主要实验试剂和仪器

酒精（75%和95%）、硝酸钾、10%氯化钠、0.5%番红水溶液、0.5%孔雀绿水溶液、美蓝染液、去氧胆酸钠（300mg/L）、青霉素（50U/mL）、丙酸钙（0.5%）。

培养皿、超净工作台、生化培养箱、普通光学显微镜、天平、无菌培养皿、1mL移液枪、1mL无菌枪头、无菌吸管、试管、量筒、酒精灯、接种针、载玻片等。

（四）实验方法与步骤

1. 酒曲悬液和培养基的制备

先将酒药曲在研钵中磨细，再将研细的酒药种曲在含玻璃珠的三角瓶中打散成孢子悬浮液，然后以10倍系列稀释法稀释，制成10^{-1}、10^{-2}、10^{-3}、10^{-4}、10^{-5}和10^{-6}的梯度菌悬液。

马铃薯葡萄糖琼脂（PDA）、麦芽汁琼脂培养基、葡萄糖发酵液培养基，经灭菌后倒平板，冷却、备用。

2. 酒曲中根霉菌和酵母菌的分离、纯化

（1）分别取上述稀释度的孢子悬浮液0.1mL，采用平板划线或涂布分离法接种于PDA培养基上，在28℃左右培养2d，观察其生长情况及形态特征。

（2）根据不同的菌落特征，分别在第2天后挑取可疑的菌落进行培养。对培养2d的各可疑菌落进行再次分离。

①挑取菌落呈灰白色、乳白色较光滑的可疑菌落，经美蓝染色后制片镜检，选出确认为酵母的菌落，用平板涂布法涂于加入0.5%丙酸钙和青霉素的麦芽汁培养基中，放置于28℃恒温培养箱中培养1~2d，观察其生长情况及形态特征。

②挑取白色絮状可疑单菌落，制片镜检，选出确认为根霉的菌落，接种于加入去氧胆酸钠及青霉素的PDA培养基中，于30℃培养1~3d，观察其生长情况及形态特征。

（3）经两次纯化后，把筛选出的可疑酵母菌菌株接种于麦芽汁琼脂培养基，于25℃培养。同时，把筛选出的可疑根霉菌株接种于PDA固定培养基中，于30℃培养。

3. 酒曲中根霉菌和酵母菌的鉴定

（1）根霉菌的鉴定

①镜检：可由载片培养法初步观察根霉的假根、孢子囊、孢囊孢子等形态特征。市售甜酒药中常见的是米根霉（*Rhizopus oryzae*），有时也可见华根霉（*R. chinensis*），若分离到的单菌落大多为非根霉类的丝状真菌，则该酒药肯定品质欠佳，应弃之不用。

②糖化试验：分离后的各根霉斜面菌种可做糖化试验，以确定其糖化的速度和糖化率的高低。

③蒸煮米饭：每只250mL三角瓶内装干糯米10g，经淘洗干净并让其吸足水分后在加压蒸汽灭菌锅内蒸煮灭菌成米饭，灭菌后趁热拍松。

④接种根霉：分别将各单菌落斜面根霉菌种接入相应的三角瓶米饭中。每支斜面各接 3 只重复三角瓶，并将接种后的培养物拍匀。

⑤糖化培养：将各三角瓶培养物用由 8 层无菌纱布制成的“通气塞”包扎，置于 28℃恒温培养箱中培养，至 24h 后，将各三角瓶拍匀，继续培养直至糖化彻底为止。

⑥肉眼观察：在培养过程中，可观察根霉的生长特征初步判断其糖化速度（即视其米饭黏度下降，出液时间和米粒糊化情况等），并作出适当记录。

⑦测定糖化率：将培养 48~72h 的培养物，统一用碘量法测定各根霉斜面菌种的糖化率，从而推断各菌株的特点和优劣。

（2）酵母菌的鉴定试验

①将活化的酵母菌用划线法接种于麦芽汁琼脂培养基上，28℃培养 1~3d，观察其菌落特征并记录。

②把活化的酵母菌接种在麦芽汁培养基中，28℃培养 2~3d，经美蓝染色制片镜检，记录酵母菌的细胞形态及生长状态。

③在每个培养皿内放一张滤纸，上面平衡放两根牙签，支撑两张干净的载玻片和盖玻片，灭菌。无菌操作把 PDA 培养基倒入培养皿内，把每张载玻片顺次浸入培养基内，让培养基均匀分布于载玻片表面且不能产生气泡。待载玻片上的培养基完全凝固后，在上面划线接种新鲜酵母菌，盖上盖玻片。往培养皿内滴入 1.5~2.5mL 无菌水浸润滤纸。25℃下培养 2~3d 后，取出载玻片，把背面的琼脂擦干净，镜检，观察酵母菌的生长情况和菌丝的形态，持续约 2 周。

④在 PDA 平板培养基上取新鲜的酵母菌沿着培养皿两垂直直径划线。把接种后的培养皿倒置于另一盛有已灭菌的 PDA 培养基的培养皿上，在此培养基上放一无菌的载玻片，将这两个培养皿扣紧，20℃下培养 3 周。每天观察，直到形成掷孢子则取出载玻片，收集并观察。

⑤把活化的酵母菌接种到硝酸钾液体培养基中，25℃下培养 1 周，从培养的第 2 天开始吸取培养液 1~2mL 进行镜检，每隔 1d 观察并记录。若酵母菌生长，记为阳性（+）；不生长，记为阴性（－）。

⑥把活化的酵母菌接种到盛有葡萄糖发酵液培养基的杜氏小管中，25℃下培养，并设一未接入酵母菌的空白对照。第 2 天开始观察，持续 1 周，并记录管内气泡的形成情况。

⑦酵母菌产酒精能力：将分离纯化的若干株酵母菌分别接种于麦芽汁摇瓶中，以 30℃、200r/min 培养 16h，用快速氧化法检测摇瓶酒精含量。

4. 酵母菌株和根霉菌株混合培养

将分离的酵母菌株与根霉菌株混合培养制曲。混合培养流程如下：

米粉＋水＋混合菌种→拌匀→培养→造粒→干燥→检测→包装

具体步骤：

（1）选择原料　酿制甜酒酿的原料常用糯米，选择时要用品质好、米质新鲜的糯米。

（2）淘洗和浸泡　将米淘洗干净后浸泡过夜，使米粒充分吸水，以利于蒸煮。

（3）蒸煮米饭　将浸泡吸足水分的糯米捞起，放在蒸锅内搁架的纱布上隔水蒸煮，至米饭完全熟透时为止。

（4）米饭降温　将蒸熟的米饭从锅内取出，在室温下摊开冷却至30℃左右接种。

（5）接入种曲　按干糯米质量换算接种量。采用对比试验的方式，三种接种方式：①分离纯化的酿酒酵母菌株；②分离纯化的根霉菌株；③分离纯化的根霉菌株和酿酒酵母菌株。

（6）装坛发酵　接种拌匀后的米饭可装坛发酵，注意在坛子的中轴留一个散热孔道，所用的容器都应预先洗净，并用开水浇淋浸泡过，以杀死大部分杂菌。

（7）保温发酵　温度可控制在30℃左右。发酵初期可见米饭表面产生大量纵横交错的菌丝体，同时糯米饭的黏度逐渐下降，糖化液渐渐溢出和增多。若发酵中米饭出现干燥，可在培养18~24h后补加一些凉开水。

（8）后熟发酵　酿制48h后的甜酒酿已初步成熟，但往往略带酸味。如在8~10℃条件下将它放置2~3d或更长一段时间进行后发酵，则可去除酸味。

（9）质量评估　酿成的甜酒应是酒香浓郁、醪液充沛、清澈半透明和甜醇爽口的。评价酒酿的糖度、酸度和口感。

（五）注意事项

1. 去氧胆酸钠（300mg/L）用于PDA及麦芽汁培养基，可防止霉菌菌丝蔓延；青霉素（50U/mL），用于PDA及麦芽汁培养基，可有效抑制细菌生长繁殖；丙酸钙（5g/L），可有效抑制霉菌的生长。

2. 根霉菌的鉴定主要以菌落特征、菌体形态和生长温度范围等作为依据。而酵母菌的鉴定主要以细胞形态、菌丝的有无、子囊孢子和掷孢子的形成特点等为基础。

3. 根霉菌和酵母菌的生长时间不同，一般根霉菌菌落的形成先于酵母菌菌落。根霉菌的生长较快，一般在夏天培养第3天后就能产生孢子，而酵母菌一般培养到第2天生长加快。这可能由于根霉菌中的酶能把培养基中的物质进一步分解，为酵母菌提供更多的营养，使酵母菌能快速生长繁殖。同时也伴随着少量乙醇的产生，使生长在其附近的部分根霉菌的生长受到抑制。因此，培养到第3天对酒曲中的微生物进行分离挑去最佳。

4. 各种微生物生长繁殖的适宜酸碱度是不同的，在控制营养成分的同时将培养基调至一定的pH，更有利于抑制不需要的微生物的增殖。控制pH在4.0~4.5，则所需的酵母菌和根霉菌能大量繁殖，各种杂菌难以生长。

5. 淘洗的糯米要待充分吸水后隔水蒸煮熟透，使饭粒饱满分散，这样有利于接种后的霉菌孢子能在疏松通气的条件下良好地生长繁殖，使淀粉充分糖化。

（六）结果分析

根据表5-6至表5-10进行结果判定。

表5-6　根霉菌株的形态观察

菌株	菌落特征	菌丝	孢子囊	假根	厚垣孢子

表 5-7　　酵母菌的鉴定结果

项目	菌株		
	1	2	3
菌落颜色			
菌落形状			
细胞形态			
繁殖方式			
子囊孢子			
掷孢子			
菌丝			
氮源同化试验			
糖类发酵试验			
乙醇（体积分数）/%			

表 5-8　　米饭指标检测

接种方式	糖度/（g/100g，以葡萄糖计）	酸度/（g/100g，以乳酸计）	口感
根霉菌			
酵母菌			
根霉菌+酵母菌			

表 5-9　　混合培养发酵米饭指标变化与发酵时间

酒曲	糖度/（g/100g，以葡萄糖计）	酸度/（g/100g，以乳酸计）	乙醇体积分数/%	发酵时间/h
甜酒酒曲				
根霉+酒曲				
酵母菌+酒曲				
根霉+酵母菌+酒曲				

表 5-10　　甜酒风味检测及口感评价

酒曲	口感风味
甜酒酒曲	
自制酒曲	

（七）思考题

1. 酿制甜酒酿的酒药中主要含哪种微生物？其发酵原理是什么？

2. 刚酿制成的甜酒酿往往带有酸味，经低温存放（或称后熟）后则酸味消失，并获得甘甜醇香的口味，其中的原因是什么？

APPENDIX

附录

附录 1　食品微生物检验常用检索表

检验项目	检验方法
细菌菌落总数测定	GB 4789. 2—2016
大肠菌群计数	GB 4789. 3—2016
沙门氏菌检验	GB 4789. 4—2016
志贺氏菌检验	GB 4789. 5—2012
致泻大肠杆菌检验	GB 4789. 6—2016
副溶血性弧菌检验	GB 4789. 7—2013
小肠结肠炎耶尔森氏菌检验	GB 4789. 8—2016
空肠弯曲菌检验	GB 4789. 9—2014
金黄色葡萄球菌检验	GB4789. 10—2016
β 型溶血性链球菌检验	GB 4789. 11—2014
肉毒梭菌及肉毒毒素检验	GB 4789. 12—2016
大肠菌群计数	GB 4789. 13—2016
蜡样芽孢杆菌检验	GB 4789. 14—2014
霉菌和酵母菌计数	GB 4789. 15—2016
常见产毒霉菌的形态学鉴定	GB 4789. 16—2016
乳与乳制品检验	GB 4789. 18—2010
商业无菌检验	GB 4789. 26—2013
单核细胞增生李斯特菌检验	GB 4789. 30—2016
大肠菌群的快速检测	GB 4789. 32—2002
双歧杆菌检验	GB 4789. 34—2016
乳酸菌检验	GB 4789. 35—2016
金黄色葡萄球菌计数	GB 4789. 37—2008
大肠杆菌计数	GB 4789. 38—2012
粪大肠菌群计数	GB 4789. 39—2013
克罗诺杆菌属（阪崎肠杆菌）检验	GB 4789. 40—2016
肠杆菌科检验	GB 4789. 41—2016

附录2　培养基配方

1. 牛肉膏蛋白胨培养基（营养琼脂培养基）

牛肉膏	3.0g
蛋白胨	10.0g
NaCl	5.0g
水	1000mL
pH	7.0~7.2

121℃，灭菌20min

如配制固体培养基，加入2%的琼脂；半固体培养基，则加入1%~1.5%的琼脂。

2. LB（Luria-Bertani）培养基

酵母膏	5.0g
蛋白胨	10.0g
NaCl	10.0g
水	1000mL
pH	7.0

121℃，灭菌20min

如配制固体培养基，加入2%的琼脂；半固体培养基，则加入1%~1.5%的琼脂。

3. 高氏Ⅰ号培养基

可溶性淀粉	20.0g
KNO_3	1.0g
NaCl	0.5g
K_2HPO_4	0.5g
$MgSO_4$	0.5g
$FeSO_4$	0.01g
水	1000mL
pH	7.2~7.4

先用少量冷水将可溶性淀粉调成糊状，倒入煮沸的水中，边加热边搅拌，按顺序加入其他成分，溶化后补足水分至1000mL。121℃，灭菌20min。

4. 马铃薯培养基（PDA）

马铃薯	200.0g
蔗糖（或葡萄糖）	20.0g
水	1000mL
pH	自然

马铃薯去皮切小块，煮沸半小时，然后用纱布过滤，再加糖并补足水分。如配制固体培养基，加入2%的琼脂。121℃，灭菌20min。另外，用少量乙醇溶解0.1g氯霉素，

加入 1000mL 培养基中，分装灭菌后可用于食品中霉菌和酵母菌计数、分离。

5. 麦芽汁培养基

（1）啤酒厂购买麦芽汁原液，加水稀释至 5~6°Bé。

（2）自制麦芽汁

①取大麦或小麦若干，洗净后浸 6~12h，至 15℃左右阴暗处发芽，上盖纱布，每日早、中、晚各淋水一次，至麦芽伸长为麦粒两倍左右停止，摊开晒干或烘干，贮存备用。

②将干麦芽磨碎，1 份麦芽加 4 份水，65℃水浴锅中糖化 3~4h，用碘液测定糖化程度。

③糖化液用 4~6 层纱布过滤，滤液稀释到 5~6°Bé，pH6.4（如配制固体培养基，加入 2%琼脂），121℃，灭菌 20min。

6. MRS 培养基

蛋白胨	10.0g
牛肉膏	10.0g
酵母粉	5.0g
K_2HPO_4	2.0g
柠檬酸二铵	2.0g
乙酸钠	5.0g
葡萄糖	20.0g
吐温 80	1.0mL
$MgSO_4 \cdot 7H_2O$	0.58g
$MnSO_4 \cdot 4H_2O$	0.25g
水	1000mL
pH	6.2~6.4

蛋白胨、牛肉膏及酵母粉可在烧杯少量水中先溶解，按顺序加入其他成分，溶化后补足水分至 1000mL，121℃，灭菌 15min。

7. 明胶培养基

蛋白胨	10.0g
NaCl	5.0g
牛肉膏	3.0g
明胶	120g
水	1000mL
pH	7.4~7.6

121℃，灭菌 15min

8. 葡萄糖蛋白胨水培养基

蛋白胨	5.0g
葡萄糖	5.0g
K_2HPO_4	2.0g
水	1000mL

pH	7.0~7.2

115℃，灭菌 30min

9. 硫酸亚铁琼脂培养基

牛肉膏	3.0g
酵母粉	3.0g
硫酸亚铁	0.2g
硫代硫酸钠	0.3g
NaCl	5.0g
琼脂	12.0g
水	1000mL
pH	7.4

115℃，灭菌 15min

10. 三糖铁琼脂培养基

蛋白胨	20.0g
牛肉膏	5.0g
乳糖	10.0g
蔗糖	10.0g
葡萄糖	1.0g
NaCl	5.0g
硫酸亚铁铵	0.2g
硫代硫酸钠	0.2g
琼脂	12.0g
酚红	0.25g
水	1000mL
pH	7.2~7.6

121℃，灭菌 15min。

11. 醋酸铅琼脂培养基

牛肉膏	3.0g
蛋白胨	10.0g
NaCl	5.0g
硫代硫酸钠	2.5g
琼脂	12.0g
水	1000mL
pH	7.2~7.4

115℃，灭菌 15min

培养基冷至 50℃时，按 1%比例加入过滤除菌的 10%醋酸铅溶液，混匀、直立，冷却备用。

12. 罗琴氏培养基

L-谷氨酸钠	7.2g

KH_2PO_4	2.4g
硫酸镁	0.24g
柠檬酸镁	0.6g
丙三醇	12mL
水	600mL
pH	7.6

121℃，灭菌 15min

上述基础液灭菌后冷却至 55℃ 时，无菌操作加入新配制 5μg/mL 孔雀绿水溶液 20mL 与无菌搅匀新鲜蛋液 1000mL，静置 30~60min。

13. 蛋白胨水培养基

蛋白胨	10.0g
NaCl	5.0g
水	1000mL
pH	7.6

121℃，灭菌 20min

14. 糖发酵培养基

蛋白胨水培养基	1000mL
1.6%溴甲酚紫乙醇溶液	1~2mL
pH	7.6

20%糖溶液（葡萄糖、乳糖、蔗糖等）各 10mL

将含指示剂蛋白胨水培养基分装于试管中，每管内放一倒置小玻璃管（充满培养基）。蛋白胨水和糖溶液分别灭菌，蛋白胨水 121℃，灭菌 20min；糖溶液 112℃，灭菌 30min。灭菌后，无菌操作下按 10mL 培养基中加入糖溶液 0.5mL，配制成 1%糖。

15. 月桂基磺酸盐胰蛋白胨（LST）肉汤培养基

胰蛋白胨或胰酪胨	20.0g
NaCl	5.0g
乳糖	5.0g
K_2HPO_4	2.75g
KH_2PO_4	2.75g
月桂基磺酸钠	0.1g
水	1000mL
pH	6.6~7.0

121℃，灭菌 15min

16. EC 肉汤培养基（*E. coli* broth）

胰蛋白胨	20.0g
3 号胆盐（或混合胆盐）	1.5g
NaCl	5.0g
乳糖	5.0g
K_2HPO_4	4.0g

KH_2PO_4	1.5g
水	1000mL
pH	6.6~7.0
121℃，灭菌 15min	

17. 西蒙氏柠檬酸盐培养基

柠檬酸钠	5.0g
琼脂	20.0g
0.2%溴麝香草酚蓝溶液	40mL
水	1000mL
pH	6.8
121℃，灭菌 15min	

18. 伊红美蓝（EMB）琼脂培养基

蛋白胨	10.0g
K_2HPO_4	2.0g
琼脂	20.0g
水	1000mL
2%伊红水溶液	20mL
0.5%美蓝水溶液	13mL
pH	7.2~7.4
115℃，灭菌 20min	

另称量乳糖 10.0g，装于小烧杯等容器中灭菌。临用时将乳糖加入冷却至 50~55℃上述培养基中，摇匀使用。

19. 结晶紫中性红胆盐琼脂培养基（VRBA）

蛋白胨	7.0g
酵母粉	3.0g
NaCl	5.0g
乳糖	10.0g
3 号胆盐	1.5g
中性红	0.03g
结晶紫	0.002g
琼脂	15.0g
水	1000mL
pH	7.2~7.6

称取各组分后加入水，搅拌加热煮沸至完全溶解，配制后在 3h 之内使用。

20. 结晶紫中性红胆盐-4-甲基伞形酮-β-D-葡萄糖苷琼脂（VRBA-MUG）

VRBA 中加入 0.01%的 4-甲基伞形酮-β-D-葡萄糖苷，使用方法同 VRBA。

21. 孟加拉红琼脂培养基

蛋白胨	5.0g
葡萄糖	10.0g

KH_2PO_4	1. 0g
$MgSO_4 \cdot 7H_2O$	0. 58g
琼脂	20. 0g
1/3000 孟加拉红溶液	100mL
水	1000mL
pH	7. 0~7. 2

121℃，灭菌 30min

倒平板前，用少量乙醇溶解 0. 1g 氯霉素加入培养基中。

22. 7. 5%氯化钠肉汤培养基

牛肉膏	5. 0g
蛋白胨	10. 0g
NaCl	75. 0g
水	1000mL
pH	7. 4

121℃，灭菌 15min

23. 血琼脂培养基

无菌状态下，全血注入装有无菌玻璃珠的无菌三角瓶中，摇动 10min 左右，形成的纤维蛋白会沉淀在玻璃珠上，收集含血细胞和血清的上清液，置冰箱备用。

将 pH7. 6 的牛肉膏蛋白胨琼脂加热融化，冷却至 50℃时，加入无菌脱纤维羊血（或牛血），摇匀后使用。

24. Baird-Parker 琼脂培养基

胰蛋白胨	10. 0g
牛肉膏	5. 0g
酵母粉	1. 0g
丙酮酸钠	10. 0g
甘氨酸	12. 0g
氯化锂	5. 0g
琼脂	15. 0g
水	1000mL
pH	7. 0~7. 4

121℃，灭菌 15min

临用时加入 5%的卵黄亚碲酸钾，摇匀后倒平板。

25. 脑心浸出液肉汤（BHI）

胰蛋白胨	10. 0g
牛心浸粉	17. 5g
NaCl	5. 0g
葡萄糖	2. 0g
Na_2HPO_4	2. 5g
水	1000mL

pH	7.2~7.6
121℃，灭菌 15min	

26. 乳酸菌培养基

蛋白胨	5.0g
牛肉膏	5.0g
酵母粉	5.0g
葡萄糖	10.0g
吐温 80	0.5mL
1.6%溴甲酚紫溶液	1.4mL
水	1000mL
pH	6.8~7.0
115℃，灭菌 30min	

27. 硝酸盐培养基

蛋白胨	5.0g
KNO_3	0.2g
水	1000mL
pH	7.4
121℃，灭菌 20min	

28. 葡萄糖氧化发酵培养基

蛋白胨	2.0g
NaCl	5.0g
葡萄糖	10.0g
K_2HPO_4	0.2g
琼脂	6.0g
水	1000mL
pH	6.8~7.0
115℃，灭菌 20min	

使用前加入 1%百里酚蓝水溶液 3mL。

29. 石蕊牛奶

脱脂牛奶分装试管，每管 8mL，加入 2.5%石蕊试剂 6~10 滴至紫色，现用现配，115℃灭菌 15min。注意需要用新鲜牛奶配制。

附录3 染色液配制

1. 齐氏石炭酸复红染液

A 液：碱性复红 0.3g 溶解于 10mL 的 95%酒精中。

B 液：5%石炭酸水溶液 100mL。

混合 A、B 液即成。

2. 草酸铵结晶紫染液

A 液：结晶紫 2.0g 溶解于 20mL 的 95%酒精中。

B 液：1%草酸铵水溶液 80mL。

混合 A、B 液即成。

3. 吕氏碱性美蓝染液

A 液：美蓝 0.3g 溶解于 30mL 的 95%酒精中。

B 液：0.01% KOH 溶液 100mL。

混合 A、B 液即成。

4. 碘液

将 2.0g 的 KI 溶于 3~5mL 的蒸馏水，然后加 1.0g 的碘片，振荡使碘片完全溶解，加蒸馏水至 300mL。

5. 番红（沙黄）染色液

沙黄 0.25g 溶解于 10mL 的 95%酒精中，再用 90mL 蒸馏水稀释。

6. 孔雀绿染色液

5%孔雀绿水溶液 100mL。

7. 荚膜染色用墨水

黑墨水，用滤纸过滤后备用。

8. 黑色素水溶液

将黑色素在蒸馏水中煮沸 5min，配成 5%溶液，然后加入 40%甲醛 0.5%（体积分数）作防腐剂。

9. 硝酸银染色液（A 液和 B 液，现用现配）。

A 液：鞣酸 5g、$FeCl_3$ 1.5g、蒸馏水 100mL。待溶解后，加 1% NaOH 溶液 1mL 和 15%甲醛溶液 2mL。

B 液：硝酸银 2g、蒸馏水 100mL。

10. 乳酸石炭酸棉蓝染液

石炭酸 2.0g、甘油 40mL、乳酸 20mL、蒸馏水 20mL、棉蓝 0.05g。

石炭酸在蒸馏水中加热溶解，然后加入乳酸和甘油，最后加入棉蓝，使其溶解即成。

附录4 常见缓冲液配制

1. 磷酸盐缓冲液

pH5.8 以下常见磷酸盐缓冲液配制方法如下：

磷酸盐缓冲液（pH2.0）：取磷酸 16.6mL，加水至 1000mL 摇匀。取 Na_2HPO_4 71.63g，加水溶解，定容至 1000mL。取上述磷酸溶液 72.5mL 与 Na_2HPO_4溶液 27.5mL 混合摇匀即得。

磷酸盐缓冲液（pH2.5）：取 $K_2HPO_4$100g，加水 800mL，用 HCl 调节 pH 至 2.5，用水稀释至 1000mL。

磷酸盐缓冲液（pH5.0）：取 0.2mol/L NaH_2PO_4溶液一定量，用 NaOH 溶液调节 pH 值至 5.0 即得。

pH5.8 以上常见磷酸盐缓冲液配制方法如下：

先分别配制 0.2mol/L 的 Na_2HPO_4和 NaH_2PO_4溶液，按不同量加入，得到不同 pH 的缓冲液，具体如下：

pH	Na_2HPO_4/mL	NaH_2PO_4/mL	pH	Na_2HPO_4/mL	NaH_2PO_4/mL
5.8	8.00	92.00	7.0	61.00	39.00
5.9	10.00	90.00	7.1	67.00	33.00
6.0	12.30	87.70	7.2	72.00	28.00
6.1	15.00	85.00	7.3	77.00	23.00
6.2	18.50	81.50	7.4	81.00	19.00
6.3	22.50	77.50	7.5	84.00	16.00
6.4	26.50	73.50	7.6	87.00	13.00
6.5	31.50	68.50	7.7	89.50	10.50
6.6	37.50	62.50	7.8	91.50	8.50
6.7	43.50	56.50	7.9	93.50	7.50
6.8	49.00	51.00	8.0	94.70	5.30
6.9	55.00	45.00			

2. 乙酸-乙酸钠缓冲液

先分别配制 0.2mol/L 的乙酸和乙酸钠溶液，按不同量加入，得到不同 pH 的缓冲液，具体如下：

pH	乙酸/mL	乙酸钠/mL	pH	乙酸/mL	乙酸钠/mL
3.6	7.50	92.50	4.8	59.00	41.00
3.8	12.00	88.00	5.0	70.00	30.00
4.0	18.00	82.00	5.2	79.00	21.00
4.2	26.50	73.50	5.4	86.00	14.00
4.4	37.00	63.00	5.6	91.00	9.00
4.6	49.00	51.00	5.8	94.00	6.00

3. 巴比妥钠-HCl 缓冲液

先配制 0.04mol/L 的巴比妥钠溶液（8.25g/L）和 0.2mol/L 的 HCl 溶液，按不同量加入，得到不同 pH 的缓冲液，具体如下：

pH	巴比妥钠/mL	HCl/mL	pH	巴比妥钠/mL	HCl/mL
6.8	100.00	18.40	8.4	100.00	5.21
7.0	100.00	17.80	8.6	100.00	3.82
7.2	100.00	16.70	8.8	100.00	2.52
7.4	100.00	15.30	9.0	100.00	1.65
7.6	100.00	13.40	9.2	100.00	1.13
7.8	100.00	11.47	9.4	100.00	0.70
8.0	100.00	9.39	9.6	100.00	0.35
8.2	100.00	7.21			

4. Tris-HCl 缓冲液

先配制 0.1mol/L Tris（三羟甲基氨基甲烷）（12.114g/L）和 0.1mol/L HCl 溶液，按不同量加入，得到不同 pH 的缓冲液，具体如下：

pH	Tris/mL	HCl/mL	pH	Tris/mL	HCl/mL
7.1	50.00	45.70	8.1	50.00	26.20
7.2	50.00	44.70	8.2	50.00	22.90
7.3	50.00	43.40	8.3	50.00	19.90
7.4	50.00	42.00	8.4	50.00	17.20
7.5	50.00	40.30	8.5	50.00	14.70
7.6	50.00	38.50	8.6	50.00	12.40
7.7	50.00	36.60	8.7	50.00	10.30
7.8	50.00	34.50	8.8	50.00	8.50
7.9	50.00	32.00	8.9	50.00	7.00
8.0	50.00	29.20			

附录5 试剂与指示剂配制

1. 5%石炭酸

将石炭酸（苯酚）加热熔化后，称取50g，倒入1000mL水中。

2. 2.5%碘酒

将25g碘及10g碘化钾溶于500mL乙醇中，再加水至1000mL。

3. 无菌生理盐水

将0.9g NaCl加去离子水溶解，定容至100mL，121℃，灭菌20min。

4. 2.5%石蕊试剂

称取石蕊2.5g，蒸馏水100mL，将石蕊浸泡在蒸馏水中过夜或更长时间，使石蕊变软而易于溶解，溶解后过滤。

5. 脱脂牛奶

将新鲜牛奶用离心机分离，除去上层奶油，取下层脱脂牛奶。若无新鲜牛奶，可用脱脂奶粉代替，每1000mL溶解100g脱脂奶粉。或将鲜奶煮沸，在阴凉处静置24h，用虹吸法取出底层牛奶。

6. 1g/L甲基红试剂

称取0.1g甲基红，用95%乙醇定容至100mL，摇匀备用。

7. 氧化酶试剂

取盐酸二甲基对苯二胺（或盐酸四甲基对苯二胺）0.1g，加蒸馏水10mL，置棕色瓶内冰箱保存或分装于棕色瓶内密封，保存一周。

8. 10g/L α-萘酚-乙醇溶液

称取1g α-萘酚，用95%乙醇定容至100mL，摇匀备用。

9. 16g/L溴甲酚紫乙醇溶液

称取1.6溴甲酚紫g，用无水酒精定容至100mL，摇匀备用。

10. 2g/L溴麝香草酚蓝溶液

称取0.2g溴麝香草酚蓝，加入0.05mol/L的NaOH溶液1.6mL溶解，再加水稀释至100mL，摇匀备用。

11. Kovacs吲哚试剂

称取5.0g对二甲氨基苯甲醛，加入75.0mL戊醇及25.0mL浓盐酸混合均匀，尽快使用或密封防止挥发。

参考文献

[1] 周德庆. 微生物学教程. 3 版. 北京：高等教育出版社，2011.

[2] 周德庆，徐德强. 微生物学实验教程. 3 版. 北京：高等教育出版社，2013.

[3] 戈志强. 生物学形态实验指导. 苏州：苏州大学出版社，2010.

[4] 黄秀梨，辛明秀. 微生物学实验指导. 2 版. 北京：高等教育出版社，2008.

[5] 牛天贵. 食品微生物学实验技术. 2 版. 北京：中国农业大学出版社，2011.

[6] 李平兰，贺稚非 . 食品微生物学实验原理与技术. 北京：中国农业出版社，2011.

[7] 陈江萍. 食品微生物检验实训教程. 杭州：浙江大学出版社，2011.

[8] 樊明涛，赵春燕，朱丽霞. 食品微生物学实验. 北京：科学出版社，2015.

[9] 牛天贵. 食品微生物学实验技术. 北京：中国农业大学出版社，2011.

[10] 沈萍，范秀容，李广武 . 微生物学实验. 3 版. 北京：高等教育出版社，2001.

[11] 周德庆. 微生物学实验. 3 版. 北京：高等教育出版社，2013.

[12] 李凤梅. 食品微生物检验. 北京：化学工业出版社，2015.

[13] 王延璞，王静. 食品微生物检验技术. 北京：化学工业出版社，2014.

[14] 贾俊涛，梁成珠，马维兴. 食品微生物检测工作指南. 北京：中国质检出版社，2012.